遇見永田農法

# 四季蔬果都美味

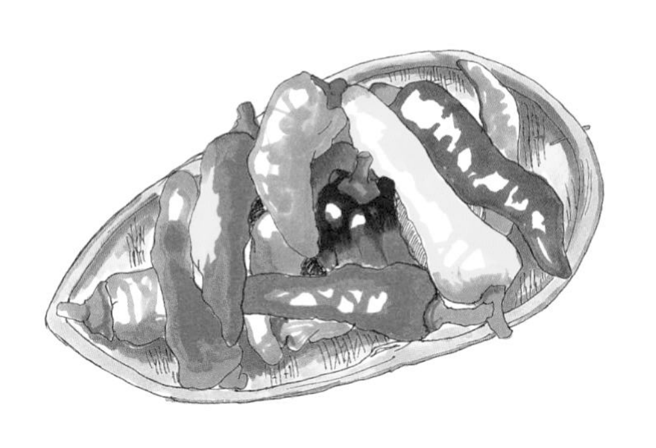

瑞昇文化

# 目次



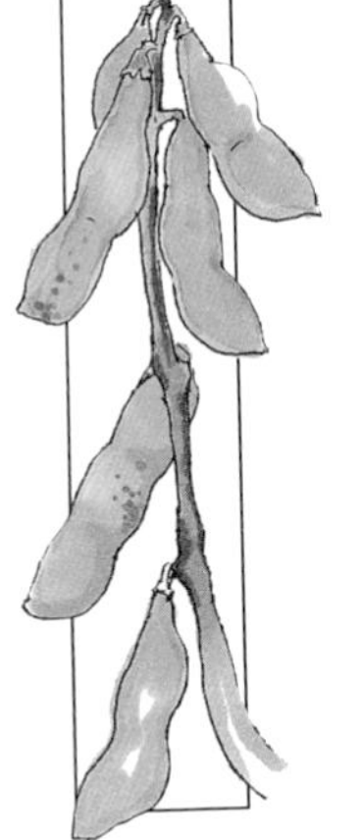

第四章　用永田農法種植的蔬菜【夏季蔬菜】……55



第五章　探究永田農法的根本……97

## 第六章　用永田農法種植的蔬菜【秋季蔬菜】



## 第七章　用永田農法種植的蔬菜【冬季蔬菜】



## 第八章　展開自己的家庭菜園吧！

# 第一章 遇見永田農法

## 令人震撼的超甜洋蔥！這到底是什麼樣的蔬菜啊！

這份震撼，真的是超乎意外的大。位於靜岡縣濱松市郊外一處名為永田農業研究所的洋蔥菜園，著實令我相當驚訝。在一個爽朗的五月晴空下，以相等間隔整齊排列著的洋蔥們，那茂盛的青葉，似乎正在告訴我們已經逐漸進入初夏了。永田照喜治（Nagata Terukichi）先生，將洋蔥從其中一個菜園中慢慢地拔起來遞給我。然後，他那張因日曬曬得黝黑的臉一邊微笑著一邊對我說：「請先吃吃看它的葉子。」他遞給我的洋蔥是使用在沙拉的那種紫色的品種，從外觀看起來並沒有什麼特殊。但是，怎麼會突然要我咬下那洋蔥葉片嚼嚼看呢!?……。我的腦袋裡，早就先預設了洋蔥會帶來的辛辣感，舌頭也一起進入了防禦狀態。首先，我先聞一聞葉片的香味。讓我感到不可思議的是，它竟然沒有那種刺鼻的蔥類特有的刺激味，取而代之的，反而是一種清爽的甜甜香味。原先的抗拒感立刻消失，很自然的嚼了那個葉片。嗯~確實是非常清甜。明明是生的洋蔥片，卻呈現出類似冬天在鍋裡已熬煮許久的下仁田蔥葉片那般香甜。我一邊說著：「喔喔喔！不但沒有辛辣味還挺香甜的耶！」一邊試著把洋蔥的外皮剝去，幾乎詭譎般艷麗光澤的酒紅色球莖飛出。沒錯，真的是「飛出」的感覺。不知怎麼的，在看到那充滿生命力的豔麗球莖的那瞬間，我忽然忘了我自己，立刻往上咬了一口。這是怎麼回事……。很甜，非常的甜。而且還相當多汁!「這根本就是梨嘛！」我想都沒想就脫口而出。從我咬下洋蔥的齒痕處，溢出了宛如牛奶般白色的汁液，而我的正對面，則是掛著滿臉笑意的永田大師。我有持續有機栽培10年以上家庭菜園的經驗，就在此時，開始朝永田農法的方向轉變了。

## 因結識糸井重里先生而接觸永田農法

我的本行並不是農業。是在一家名為「NHK Enterprises」的公司擔任製作節目和DVD等的製作人。2004年春天，公司內部舉行每週例行的定期部門會議。部長公佈了幾項我們部門要負責的工作，其中包括一個「由廣告創意人糸井重里先生近期關注的永田農法種植蔬菜的節目」。事實上，我長年以來對家庭菜園深感興趣一事，公司內部沒什麼人知道，因此在會議後，我找了個時間寫了封E-mail給部長，表示自己想要擔任那個蔬菜節目的製作人。沒多久就收到部長的回信。「在目前負責的節目繼續進行的同時，也製作這個蔬菜節目吧！」。興奮之餘，也意識到這樣一來會變得非常非常忙碌而感到相當困惑。但一回過神，已經到了與糸井重里先生相約訪談的日子。

我的家庭菜園，前前後後約經營有10年以上，我算是相當沉迷在其中。現在，我跟位於東京都八王子市自宅附近的農家們租借了3處休耕地來種植蔬菜，合起來約有一個網球場大。西瓜等蔬果若產量較多的話，就會分送給附近鄰居或是同事們，也有設置菜園的專屬網頁。而且，在書店若有閒暇，也會繞到農業相關的書區，站在那裡一本本確認「○○農法」。其實，提到糸井先生這件事的半年前，我在書店找到永田農法的『永田農法種出蔬果原滋味』（瑞昇出版社）等，還買了2本準備回去閱讀。因此，我知道一流的料理專家重視的濃郁口感，幾乎都是只使用液態肥料培育而成的，這種極簡的栽培法可說是最基本的基礎知識。一般來說，番茄的糖度大約在4、5度，相較於這樣的糖度，用永田農法培育的溫室番茄，平均糖度達10度以上，甚至還有高達18度的，我對書中提到的這些內容有很深的印象。我也好想栽種看看這樣的番茄！但是，家庭菜園果然還是沒辦法栽培溫室蔬果，只好放棄自己進行乾燥的步驟。和糸井先生相見之時，最初提問的也是這一點。「沒有溫室的家庭菜園，在遮蔽雨水和溫度控管上相當困難。而且，要把未稀釋的液態肥料（以下簡稱為肥料）原液稀釋後，在沒有水管的菜園中得用什麼方式把肥料灌溉進去?這還真是個難題呢。」我一這麼說，糸井先生立刻大大點頭並回應我說:「諏訪先生，你已經瞭解了永田農法的精髓了呢！非常好！也有很多是特別針對家庭菜園的栽培方式喔。總之，我提議您可以找個時間親自去一趟濱松的菜園，跟永田大師見個面。然後，也請您吃吃看那個完全擄獲我的蔬菜所具有的甜美滋味。」於是，這天的訪談，我們熱絡的暢談著蔬菜的點點滴滴。然後，糸井先生以「栽種美味的蔬菜與品嚐的喜悅」為出發點，提到定睛觀看社會全體的未來，越來越引發我的興趣。例如，和廉價輸入的蔬菜競爭，或者，在人口過疏化中看不到前景的日本農業……。當然，田地不耕作的話會變成荒地。相反的，居住在都市的人當中，反而有很多人抱著「若有機會的話，很想試著種看看蔬菜」的心態。假如可以把「被放置不管的農地」以及「想耕作看看的人」這兩者有效結合的話，即便是在先進國家，特別是像糧食自給率低的日本，應該也能改善糧食自給率低的問題。另一方面，小孩子不喜歡蔬菜以及大量依賴垃圾食物（速食）的狀況中，也有必須認真討論「飲食教育」的問題。也就是說，這一連串問題當中，只要能引起「食用自己生產的既美味又安全的蔬菜」的風潮，便能夠進行許多改善。糸井先生在這個極大的計劃中，大力推薦永田農法。

## 出發！到濱松去！
## 訪問永田照喜治先生墾植的蔬菜菜園

這就是我在前面介紹過，我與那個對我來說極具衝擊的洋蔥相見的始末。出發那天，我稍微睡晚了而沒趕上新幹線，從濱松車站直接搭計程車往此次計劃的洋蔥田直奔。在現場，糸井先生的身邊還有提出這次案件的部門部長以及節目製作的工作人員等，他們正在聽永田先生解說蔬菜。不過，沒有親自種植過蔬菜的人，在聽解說時雖然覺得似乎跟一般的種植方式不太一樣，但是目前好像還沒辦法理解切確的差異，總覺得現場瀰漫著一股昏昏欲睡的氣氛。接著，部長一句「喔！你可終於來啦。這傢伙就是正實際在種菜的那位。」說完，永田先生從菜園中拔出一顆洋蔥遞給了我。那令我感動又難忘的滋味，已經在前面篇幅中完整描述過了。正好，在來到濱松之前看了一個催眠術的綜藝節目。被催眠的演員們不斷說著好吃好吃並一邊咬著生洋蔥，但催眠解除的那瞬間，演員們因口中的辛辣感而各個摔得東倒西歪。我也在一瞬間懷疑自己是不是被催眠了，但是一同來到菜園的其他人們，也被帶去開始咬起洋蔥，並因洋蔥的滋味而感動不已。在那之後，也有幸能數次品嚐到那洋蔥，每次都是非常的香甜。

而且，這天的驚喜還不止如此。參觀了一遍菜園後，永田先生請我們在他家裡用餐。首先登場的是，番茄。雖然是在四國的溫室栽種的，但是外型神似丘比的頭頂一樣尖尖的，總覺得有點消瘦的樣子。顏色是已經完全成熟的紅色，但是外皮相當堅韌，沒有那

⬆夏季的某天，在我的菜園中採收的作物。一定要好好嚐嚐剛採收的玉黍蜀、小黃瓜、四季豆、秋葵。一定會因它們的美味而感到衝擊。

種成熟番茄可能會爛掉的樣子。「啊，是那個在書裡讀到過的番茄。」我說。我抱著滿懷期待，興奮的大口咬下番茄。好甜！我有片刻說不出話來。嗯～，這是怎麼回事！竟然還湧起一股憤怒的感覺。怎麼會做出這樣的番茄呢！甜味是當然的，和酸味的平衡也相當好，總之，它的味道非常濃郁。是太陽的光都凝聚成果汁的感覺。我也喝了番茄汁。這只是單純的榨汁而已，沒有添加任何其他的調味成分，卻是種無法形容般充滿營養又非常複雜的味道。若加熱食用的話，幾乎可以直接變為高級的番茄湯。

其實，我就坦白說了吧。和糸井先生最初見面只是提到永田蔬菜的時候，我根本沒想到會有這麼大的震撼和衝擊。在那之前，我對於我用一般的有機栽培法在菜園中種植的蔬菜也抱著一點自信。我花了10年以上的時間持續嘗試，然後修正各種錯誤，不管怎麼說，已經不是僅靠著鮮度狀態來判定蔬菜能否食用，而是相當講究味覺享受的。而分送給朋友們的，就算有一半的朋友們只是客套話，他們也都是很開心的收下與品嚐。因此，關於永田蔬菜，我猜想大家應該都是因為很新鮮而感覺到非常感動，應該跟我自己

⬆ 告訴我永田蔬菜魅力的廣告創意人糸井重里先生。他也擔任NHK綜合電視台「月刊　蔬菜通訊」的編輯負責人。目前仍持續探訪日本各地的農園。

栽種的蔬菜沒有多大差別吧……，事實上，我內心的角落，存在著那樣的自負與淺薄的猜疑心。

但是，百聞不如一食。來到濱松才只有短短的時間，我心裡便已湧起了蔬菜革命。十數年，歷經四季轉折，品嚐過各種新鮮的當季蔬菜，我自認自己具備分辨蔬菜味道的能力。可能正因為如此，才格外感覺受到衝擊也說不定。我也品嚐了生的菠菜。雖然最近才開始可以在超級市場買到沙拉使用的菠菜，但是在濱松品嚐到的這個，因為培育時極力抑制氮肥料，據說乙二酸這種有害成分很少，吃起來確實完全沒有生澀的味道。是非常爽口的菠菜。

接下來，永田先生把縱切成兩半的茄子就這樣直接端了出來。甚至要我們直接吃吃看生的茄子。大多數的蔬菜我都有生吃過的經驗，不過，倒是還沒有生吃過茄子。茄子的切口處泛著微微的青色光芒，呈現出白色清涼感，而且即使擺放一段時間，切口處也不會變成咖啡色。

普通的茄子，一旦切口處和空氣接觸，就會逐漸轉變成咖啡色。這是植物的澀味，所以在料理前可先用水澆灑，能夠徹底去除這種澀感。接著，我先來吃吃看永田先生種的茄子。我雖然也曾聽過它的傳聞，不過，它確實有著蘋果的香氣，還隱約泛著甜味。如果有美味的天然鹽，只要稍微灑一點在上面，絕對可以成為比一般醃漬品更好吃的佳餚。

但是，儘管如此，像這種特殊的蔬菜，真的是新手也可以在自己的家庭菜園中栽種出來的嗎？首先，當作是節目，以糸井先生為起頭，開始了栽種蔬菜的挑戰。在2個月當中，需頻繁往返濱松的菜園，得弄得滿身是泥全身是汗的，是負責插圖編輯的Kogure Hideko小姐。最後採收的時候，連女演員小

⬆「來，請咬看看這個生的長茄子」。永田照喜治先生手上拿的蔬菜，先這樣直接生食是最美味的。連茄子都有清甜味道！

泉今日子小姐也來共襄盛舉。我也開始在新宿公司的大樓屋頂上，利用陽台開始栽種蔬菜。栽種的點滴記錄收錄在『糸井重里的栽培品嚐美味蔬果』（NHK出版），真的是超乎意料，種植成功了相當美味的蔬菜。番茄、青椒、小黃瓜、茄子、櫛瓜、羅勒、玉米、帶葉白蘿蔔、小松菜、絲瓜。先採取生食，因那份生食的滋味而感動，然後，大家再因Kogure小姐特製的蔬菜料理而食指大動。

就這樣，隨著節目及DVD的拍攝持續進行，我私人的菜園也一點一點逐漸切換成永田農法了。能夠這麼順利真讓我心裡非常感謝，而且如果我有什麼疑問，不但可以直接向永田先生本人討教，也可以透過種種互動交流，瞭解永田先生思想中更深層的內涵。

## 「永田農法」，到底是什麼？

在進入到我的家庭菜園話題之前，究竟永田農法是使用怎樣的栽種方式，我想要簡單的說明一下。

永田照喜治（Nagata Terukichi）先生出生於1926年的熊本縣天草，並曾在神戶大學研習經濟學。後來因為必須繼承家族的農產而歸鄉，之後由於他旺盛的探究心及行動力，往後的五十幾年，他持續研發出許多可以栽種出美味蔬菜的方法。這些獨特的農業栽種法，全部源起於1棵橘子樹。這棵橘子樹不知道被誰種植在一處佈滿石頭的傾斜地面上後，就被放置不管了。雖然長年沒有施肥，某天樹上卻結了一顆已附著顏色的小果實。永田先生沒有多想這顆小果實究竟有多酸，便下意識的拔下來試吃看看了。這就是決定了永田先生往後人生的關鍵體驗。

若說到那顆橘子的香甜口感和濃郁滋味，據說比永田先生花盡心力在菜園大量施肥細心培育下種植出來的還要更加美味。這時心裡湧起陣陣疑問。難道施加越多肥料越能栽

⬆4月上旬，我位於八王子的菜園周圍的樹林，開始一齊發芽。大概能欣賞3天這柔和色調醞釀出的美麗初春。

培出優質蔬果的說法是騙人的嗎？或者相較於大量施肥，倒不如極力抑制肥料或水分才能使味道變得更好呢？就這樣，永田先生開始進行了各式各樣的實驗。據說，他甚至在幾乎連毫無水分和養分的沙漠，也挑戰要栽培蔬菜。關於這部份的詳情，在此讓給其他著作描述，也有大學的農學部教授委託他進行研究等，多年來蒐集了非常多的資料數據。結果，獲得的結論是，極其簡約的栽培方式是最佳的栽培法。栽培蔬菜的時候，最初並不需要肥沃的土壤，反而是在貧瘠的土地，盡可能給予少量的「氮、磷酸、鉀」這3種植物必備要素所組成的液態肥料及水，這種極簡的種植方式效果最好。

普遍提到栽種蔬菜時，都是「先製作土壤環境、運用肥沃土壤、具有土地生產力的菜園」…等字眼便會浮上眼前，實際的實驗結果卻是和這種認知完全相反。一般人也認為平常肥料給得越多，越容易培養出又好吃又有營養的蔬菜，但現在的蔬菜卻因為營養過剩而失去原有的滋味。而且，永田農法當中，使用的是液態肥料，也就是說，必須以使用化學肥料作為基本。以堆肥為中心，現在非常受歡迎的有機栽培，也跟永田農法的方式

⬅永田農法需要極力抑制水和肥料。如此一來，蔬菜會呈現飢餓狀態，而使原始的生命力復甦。我菜園中的番茄也變為具有濃郁味道和香氣的蔬果了！

不同。關於使用液態肥料的理由，以及使用化學肥料和堆肥的問題，我認為是個非常有趣的主題，我想在後面的篇幅中再詳細說明。可以確定的是，不管是哪一點，我們所認為的「一般常識」，幾乎完全和永田農法背道而馳。但是，用這樣的方法真的可以栽培出美味的蔬菜嗎？相信不論是誰都抱著這種疑問吧。不過，答案已經出來了。就是目前為止所描述的那些令人衝擊的美味蔬菜。永田先生說：「盡可能的在貧瘠的土地上，用最低限度的水和肥料栽培，可以激發出植物本身具備的生命力，味道和營養價值都會提高。」聽到他說這段話的時候，在我腦海中立刻浮現的是，這若用教育子女來當作例子說明應該更容易理解。也就是說，從最初開始便在菜園中給予豐富的肥料，就像在小孩房裡放滿了食物和玩具，讓他隨時想吃就吃想玩就玩一樣。在某種程度上，永田農法是一邊觀察孩子的成長狀況，讓他們只能使用到最小限度的資源，只在必要的情況下給予他們必要份量的援助，如此一來，不就可以培育出小孩子本身所具備的堅韌生命力及毅力嗎？我認為用這樣的方式　所培育出來的蔬菜，就是永田蔬菜。

現在，從北方的北海道栽培番茄的農家算起，到南方沖繩栽培香蕉的農家，全國約有2000戶農家採用永田農法栽種蔬菜。不止是蔬菜水果，也有些農家會把茶或茶葉混在飼料裡餵食乳牛或養雞。例如，櫪木縣那須高原的霜季湖家庭牧場當中的乳牛，就是用這方式培育的。在永田先生的指導下，若給乳牛食用採取永田農法栽培的茶葉，據說乳牛的脂肪會逐漸改變，脂肪粒的大小會從大變小。霜季湖家庭牧場的乳牛並不是一般荷蘭種乳牛，而是一種稱為澤西（英譯Jersey）可供應出高脂肪牛奶的品種。雖然牠是這樣的品種，且牛奶的味道非常濃，但是通過喉嚨的瞬間卻有股清爽的感覺，實際上是既順口又好喝的。我一位當攝影師的朋友只要一喝牛奶立刻就會肚子不舒服，只有對這個牛奶能夠免疫，因此馬上就被它吸引住了。至於雞蛋，在福島或高知，果然還是盛行使用搭配綠茶的植物飼料來培育。他們培育出來的蛋，在蛋白的地方完全沒有渾濁感，像麥芽糖那樣清澈，蛋味也消失了，更令人震驚的是，即便是對蛋過敏的人也可以食用。據說，我的一位生意上有往來的某公司社長，在吃到闊別15年的生雞蛋拌飯時，還流下了感動的眼淚。

使用永田農法栽培的蔬菜還有一個應關注的特點，就是營養價值高。蔬菜清甜是因為糖度較高的原因，若糖度提高了，維他命及礦物質的成分也會增加。例如，各種蔬菜中幾乎都有維他命C的成分，永田蔬菜跟一般的蔬菜相比，最大可以增加維他命C達10倍之多。比起味道，或許沒辦法瞬間體會出它們富涵的高營養價值，但看看那位健朗的永田先生，我認為他本身就是最好的代言人了。在我估計，永田先生已經80歲了吧，但我對他呈現出來的硬朗及活力，真是感到欽佩不已。他現在也是過著出差往返到全國各地農家的生活，附帶一提，去年和前年我們的節目也持續進行拍攝中，就算是拍攝日比較少的狀況，一年裡也將近有１００天左右在出差。從北海道回到東京，稍微進行簡短的會議，再搭最後一班電車返回濱松，第二天天亮時出現在菜園中，一邊耕作翻土，一邊俐落的對年輕的研究員下指示。然後，搭乘下午的班機飛到九州視察農場，晚上參加宴會，隔天在四國演講…等。這樣緊湊的行程，似乎已經是家常便飯了。一邊說著「我已經到可以不吃不睡的地步了」一邊笑著，還一邊喝起一杯葡萄酒，與年輕人一起排隊迅速地享用法國料理。這說不定才是永田先生力量的秘訣，我猜想，可能是因為平常就食用永田蔬菜才能夠有這樣的體力。說個題外話，２００５年10月開始播出的ＮＨＫ早晨連續劇「風中的小遙」，就是以栽種蔬菜做為劇情中重要的元素。永田先生也在這部連續劇中，從編寫劇本階段開始便負責擔任栽培蔬菜的指導。現在，就讓我開始介紹在家庭菜園中栽培永田蔬菜的方式吧！

# 第二章 用永田農法種植的蔬菜【春季蔬菜】

# 洋蔥

## 向香甜滋味挑戰

〇學　名：Allium cepa Linn
◎植苗期：11月（※）
●收成期：5月中旬～6月

⬆頂多只是洋蔥，雖然只是洋蔥，卻將永田農法的美味和個性用最顯著的方式傳遞給我了。生食的滋味無話可說，加熱烹煮時的黏稠濃郁感更是另一種風味。

春天邁入尾聲，已吹起初夏清爽的風，風吹動那已轉變為濃綠的森林樹木，此時最大的期待，便是新出的洋蔥了。但是，洋蔥的栽培，必須在前一年夏天即將結束的9月就得開始播種，截至隔年春天收成，大概需耗時將近9個月。因為菜園必須這麼長時間被洋蔥占據，到目前為止，我並沒有很積極的栽種過洋蔥。剛採收的新鮮洋蔥，確實是又甜又好吃。而且洋蔥並不會像毛豆那樣，在採收後數小時甜味就逐漸變質，不需要這麼緊迫的與時間賽跑。因此，自己種的跟在外面買的，以味道來說並不會差到哪去，也是我不很積極栽種的原因之一。

不過，吃了那個用永田農法種出來的洋蔥後，那份衝擊之大，實在是讓我非常想要自己種種看。吃過永田農法種出的洋蔥的人，幾乎都一致口徑會問起：「這個洋蔥，是在哪裡買的啊？」。的確，這個像水梨一樣美味的洋蔥，如果自己能夠栽種該有多好啊。以播種開始的話，約在9月上旬

（※）移植、播種、收成，描述的是日本關東地區的標準。依地方不同會多少出現差異。

必須播種，先製作苗床養苗，到11月時才移植到菜園裡。不過，家庭菜園不太可能會種植到數百株，不如等到秋天時到一般的園藝店，買市面上流通的幼苗直接移植還比較有效率。有時候會有人問「永田農法所使用的蔬菜品種是不是不一樣？」，答案是否定的，所使用的是一般品種，不同的只有栽培方式而已。因此，即使是使用市面上販售的幼苗也完全不會有問題。

接下來，進入說明洋蔥栽培的製作方式。這是本書提到的第一篇具體的蔬菜栽培法，因此，在本篇中，先說明永田農法中栽培蔬果共通的基本步驟。

⬆用永田農法栽種的洋蔥，一切開便會流出像牛奶般乳白的汁液。這就是洋蔥清甜多汁的證據。

首先，在11月幼苗移植之前，需要在菜園進行的準備，是必須先把田畝製作好。永田農法的情況，一般來說高畝的效果會比較好。以「盡可能使土地呈現乾燥狀，然後在當中施入液肥」為原則，這是因為希望能經常維持排水良好的狀態。製作高20cm至30cm的田畝。然後在當中注入硅酸鈣，注入至表面完全變成白色為止。因為硅酸鈣這部份不常出現在一般的家庭菜園中，在此特別先予以說明。

這是可以使土壤保持最佳酸性度的產品。一般的蔬菜在屬於中性（PH7）或弱酸性（PH5・5左右為止）的土壤下能培育得最好。此外，日本是多雨環境，因雨水屬於弱酸性，因此菜園的土壤會自然地逐漸朝酸性化改變。而且肥料也是酸性的產品居多，因此菜園會漸漸地變化成酸性。而可以修補這種狀況的就是硅

⬆ 左邊是鋪上防蟲網的隧道區。中央田畝的黑色乙烯基塑膠布，是已經開好洞孔的多功能覆地塑膠墊。右邊是高約30㎝的高畝。田畝深處的地方有覆蓋遮光布，比較靠近的田畝表面上所撒上的白色物質是硅酸鈣。

酸鈣了。在一般的農法當中，用於和硅酸鈣相同目的的產品是石灰。石灰的鹼性程度高，在調和酸性度上效果顯著，但是必須在移植的2星期前左右就要注入，而且也有可能會導致土質變硬等缺點。此外，永田先生表示，像永田農法這樣使用液態肥料的情況，跟使用固體肥料相比，因造成土壤的酸性化情形較少，運用硅酸鈣來中和土壤就已經足夠了。若是像菠菜那樣不敵酸性土壤的話，近期在園藝店已經能買到市售的攪碎蚌殼外殼的混合蚌殼石灰，不妨可以利用看看。

先撒上上述介紹的硅酸鈣，然後把液態肥料注入在裡面。液態肥料有各式各樣的種類，並沒有「非得要這種特定的液態肥料才可以」的說法。只要使用的液態肥料具備最基本的「氮、磷酸、鉀」這3要素即可。然後，把液態肥料依照說明書寫的規定比例再稀釋得更稀薄一點（通常夏季和冬季所需要的液態肥料比例不同）後，散佈在菜園裡。所需的量，大約是1塊榻榻米大的面積，以液態肥料7～10ℓ較佳。這個比例並不只限定在種植洋蔥，永田農法當中，這個施肥量的比例屬於共通步驟，在栽培其他的蔬菜上也大致採取這樣的量即可。尤其，永田先生經常把「差不多就可以了」掛在嘴邊。也就是說，不需要特別在意肥料規定的分量，而是需要一邊觀察當時蔬菜的生長狀態及作業時間，針對當下的狀況再隨機應變就好。

接下來，鋪上聚乙烯製作成的多功能覆地塑膠墊。在永田農法中，這種覆地塑膠墊是經常被使用的重要資材。一般的農法中，在幼苗移植到菜園前，會先在田畝中注入一種稱作「元肥」的肥料。永田農法則不進行這個步驟，只使用單一液態肥料進行培育。如此一來，蔬菜的根會往地下大力伸展，因為本能性的會想要多吸收一些從地表滲透的液態肥料，因此根部也會在靠近地表的地方橫向擴展出去。這就是永田先生稱為「好吃的根」的毛細根。如果可以如願做出這樣的根部狀態，也就代表可以栽培出好吃的蔬菜。因為根部在靠近地表的地方廣泛的擴展，必須要確實避免太陽直接照射造成的傷害，以及防止表面土壤產生極端性的乾燥，因此多功能覆地塑膠墊便成為不可或缺的重要材料。用多功能覆地塑膠墊包覆田畝的話，不僅在防止雨水浸入上相當有效，也比較不會長出雜草。也就是說，憑著高畝和多功能覆地塑膠墊，即使是露天的環境，也可以製造出盡量乾燥狀態的菜園。

←這種小型的球根，是可以在夏季種植而初冬收成的一種栽培時間極短的套裝型球根幼苗。若和秋季種植時使用一般的幼苗（參照P.20的相片）併用，則一年可以收成2次。

## 液態肥料以1星期1次為佳

洋蔥苗，大概是從10月下旬左右園藝店就會開始販售了。它的大小將近是鉛筆粗細的苗。約在11月上旬到中旬之間，鋪上多功能覆地塑膠墊後，把苗移植到田畝中。每株苗和苗之間，約間隔15㎝左右。雖然自己在覆地塑膠墊上開洞也很好，可是洋蔥的栽培屬於間隔較密的栽種，需開孔的數量也很多，因此直接使用已經開好洞的多功能覆地塑膠墊會比較省時省事。

洋蔥苗或是大蔥的苗，比較耐乾燥。在園藝店，它們不像其他蔬菜是裝在小盆栽的培養土裡販賣，而是可以直接把根挖出來販售。苗買好之後，若能盡快種植會比較好。其實，去年我跟朋友同時購買的苗，朋友在當天就栽種了，而我則是在菜園的角落成束擺放了約1星期左右後才種植，之後苗的成長也出現很大的差異。11月是即將邁入冬季的時候，可說是季節交替之際，溫度也逐漸下降。因此，僅是1星期的差別，對之後的成長狀態也會有很大的影響。朋友的苗在栽種後的1星期裡有很大的成長，但我的苗不但成長狀況不佳，後來根的擴展狀態也很差，甚至有些因不敵嚴冬時期的酷寒而枯萎了。這就像是職棒錦標賽在開幕後的4月，若5月才出發，就會相當難挽回一般辛苦。隔年收成的時候，洋蔥成熟的大小甚至會出現球那麼大的差異。

⬅一般秋季栽種的洋蔥苗。把長長的根鬚剪掉，在多功能覆地塑膠墊的洞孔中插苗種植。

移植好幼苗之後，接下來最基本的就是需要1星期施加1次比例的液態肥料。在此，介紹施加液態肥料的方式。以本篇的洋蔥栽培來說，因為是在秋季到冬季這種寒冷的時節栽培，因此建議選擇溫暖的正午時間來施加液態肥料較佳。因為若是選擇早晨或傍晚施肥，液態肥料可能會在土壤中結凍而傷及植物根部。相反的，若是春季到夏季這種高溫期的蔬菜，則以早晨或傍晚施肥為原則。如果選在正午施肥的話，停留在葉片上的液肥水珠經過夏季白天的暑熱，可能會變得像熱水一樣。而且，在正午這種高溫的時間，植物為了不使自己枯萎，會自動關閉葉片上的氣孔。若在這樣的情況下給予液態肥料或水分，會因為植物吸收養分的氣孔沒有開啟而使肥料呈現蒸發狀態。

給予液態肥料的間隔雖然是1星期1次，但是若逢雨天土壤潮濕時，不要另外施肥較佳。等土壤再次乾燥後，再給予1星期1次比例的肥料即可。不過，這是理想的施肥狀態，對於只有六日這種週末才能進行菜園栽培活動的上班族菜園來說，現實狀況是沒辦法每次都有這麼湊巧的天氣或溫度狀態的。遇到這種情況，不妨跳過1次施肥，變成2星期施肥1次也沒什麼關係。相反的，若好天氣持續數日而使土壤呈現乾燥，或是植物的成長狀態看起來不佳時，不妨2、3天就給予一次肥料。簡單來說，1星期施肥1次是一個目標值，實際上可以配合天候或植物生長狀況進行微調，沒有必要嚴守1星期1次的原則。這也是永田先生總是掛在嘴邊說的：「請不要想得太過複雜或困難」。的確，因為不管人設計了怎樣的定量計劃或目標，終究還是不敵自然界本身具備能動搖計劃的能力。

➡栽種完洋蔥苗的樣子。洋蔥是病蟲害比較少的蔬菜，因此不需要太耗費心思便能很容易栽培。

我的菜園位於東京的八王子，這裡的寒冷度比市中心區域更甚。若進入12月份，霜也變得強烈，1月和2月，菜園可說是一片嘎嘰嘎嘰的冰世界。基本上，植物的成長也幾乎全面停止了。也有時候，苗會因為霜柱等物而飄浮起來，這時候必須把洋蔥根部上的土壤從上方往下好好地按壓住，使它能夠穩定。

## 最後採取無肥料的方式栽培

一到梅花花落時節，不知怎麼的，菜園的蔬菜們似乎也蠢蠢欲動，感覺到它們開始成長了。深冬期間幾乎沒有變化的洋蔥葉片，也突然開始伸長。據永田先生表示，洋蔥為了要在冬季期間吸收液態肥料，而悄悄的增加了根的數量。據說這才是變成甘甜洋蔥的秘訣。

從4月到5月，洋蔥的成長快速地令人驚訝。葉片青綠的往上伸長，根部的球莖也開始越長越肥大。因為根部球莖也接連不斷的變大，因此也更需要大量的肥料，每星期千萬不要忘記持續施加液態肥料。事實上，這裡有一個很容易掉入的陷阱。在6月一個晴朗的日子，我沉浸在「終於完成了永田農法式的洋蔥」的喜悅與感激的同時，回想起1年前在濱松洋蔥菜園那時衝擊甚大的震撼感，立刻從菜園中拔起一顆洋蔥咬咬看。的確，很甜！而且還非常多汁。不過，嗆鼻的刺激感卻也同時出現。當然，跟普通的洋蔥比起來已經相當甜了，算是種成了以前沒辦法比的洋蔥。但是，正因為知道了在永田先生的菜園中咬的那個可以完全不需要添加水分的洋蔥，對我自己栽種的這個，總覺得有一點不滿意。對了，說不定只是偶而出現1顆有嗆鼻感而已。一邊哄自己一邊又拿了一顆嘗試咬咬看。結果相同。甜味一樣，但仍舊有嗆鼻刺激感。最後，嘗試咬了數個都得到一樣的結果。

我在看似會連續幾日晴天的時刻把洋蔥挖出來在菜園中排列，放置個2、3天讓它們能夠乾燥。然後再把數個綁成一束，若擺放在陰涼的地方讓它們乾燥的話，可以使甜味更上一層。確實是變得比原先更甜了一點，但是嗆鼻的辛辣感卻還是隱約存在著。這實在是讓我非常介意，也非常不甘心。我立刻趕去詢問永田先生，討論我的菜園到底是跟濱松的菜園有何差別。在那邊我知道了一個重大的問題！原來，4月之後當洋蔥的球莖已經開始長得肥大時，就必須停止所有的液態肥料，採取無肥料的方式栽培它們。之前聽過很多蔬菜在收成前必須停止施肥的說法。但是洋蔥卻是從球莖開始肥大的時候就要採取無肥料的方式，這點我倒是想都不曾想過。永田先生說，「蔬菜生澀的成分雖然是辛辣的原因之一，主要則是因為施肥過剩所引起。很多洋蔥的嗆鼻味也是這樣來的。因此，在即將收尾時最好採取無肥料的栽培方式。」。究竟是不是到最後的階段都不可以施加液態肥料呢？我目前還無法斷定，非常期待明年的實驗結果。接著，想成就另一個極致蔬菜，挑戰持續進行中。

最後，介紹使用永田農法培育的洋

⬆收成後2個月以內甜味最盛。因為這樣，幾乎都是在這段期間就被享用一空了。和初鰹搭配最適合。

蔥所做出的終極料理。這就是用洋蔥根做出的天婦羅。因為這跟一般栽培法做出的東西不同，會生長出很多柔軟的根，請嘗試把它們挖掘出來，在根部還沒有乾燥的狀態下嘎啦的放入油鍋中炸。那個香酥的味道和隱約的甜味，絕對是最登對的。

# 蠶豆

## 嚐嚐用炭火燒烤新採收的蠶豆滋味

○學　名：Vicia faba L.
◎播種期：11月上旬
●收成期：5月中旬～6月中旬

⬆「若沒有吃過現摘的蠶豆，就等於沒有享受到人生一半的樂趣」，有這種想法的人該不會只有我一個吧？

總之，蠶豆是我超級喜愛的食物。但是在居酒屋點蠶豆時一盤只有一點點，到超級市場去買也還挺貴的。果然還是敵不過自己渴望能夠想吃就吃得到蠶豆的欲望，所以每年都會自己種植蠶豆。從自己種植的經驗中得知，11月播種到6月收成，有長達8個月菜園都被蠶豆占據，但是從1株當中不見得能收成到幾10個。算是高價產品。毛豆也是一樣。總之，若要說新採收的那種美味的話，真的是沒有文字可以描述。不過，採收後若經過半日，味道就會有明顯改變。因此，即使在超級市場買的是清晨才現採的蠶豆，很遺憾，味道已經差了一截，不，應該說差了兩截、三截之多。

我居住的東京八王子一帶，大約在11月3日的文化節前後播種剛好。豌豆莢和甜脆豌豆也是同一天播種最合適。其實，這種必須跨越冬季的豆類，它們的播種時間必須非常精確。太早播種，逢深冬的時候株已經長得太大，會被霜淹蓋。以印象來說，希望可以讓它們是在高度5cm左右的狀態下過冬。若比這個高度還高的話，遇到嚴寒期時，會沒辦法抵擋寒冷。但不能因此而太晚播種，太晚播種可能會因氣溫過低而無法發芽，或是在芽即將冒出頭的時候就停止成長。

一到10月，跟洋蔥的狀況一樣，在菜園中先製作高畝，然後注入硅酸鈣和液態肥料。因為蠶豆的株會變得很大，因此每株之間的間隔需保留30cm的空間再播種。在同1個位置撒入3、4粒種子，待發芽後，一邊觀察它們成長的狀況，再留下2株比較健康的。接著，原則上1星期到2星期之間需施加1次比例的液態肥料。這是我栽種蠶豆的基本方式。不過，永田先生教了我一個獨門秘訣，在此稍微介紹一下。當田畝製作完成後，在中間挖掘一個深度達20cm的溝渠。然後，把未稀釋的液態肥料原液直接灌溉進溝渠中。永田先生在長2m左右的溝渠中，將800mℓ的瓶裝原液1整瓶全部倒進去，然後把土壤恢復原狀。這時蠶豆的種子不是撒在肥料的正上方，而是撒在兩側的位置。接著，直到收成為止，都不再給予任何

➡看著顏色搭配纖細分明的蠶豆花看得出神，手邊菜園的工作也短暫停了下來。

⬆照射了初夏的陽光，氣勢極盛的豆莢也開始膨大起來。當豆莢低垂，色澤開始變得艷麗時，就是期待已久的收成時刻了。

肥料的一種大膽栽培法。蠶豆因為是屬於豆科的植物，它會藉助附在根上細菌的幫助，能夠吸收空氣中的氮。所以原本就不需要給太多肥料。而且，它的成長期是在隔年春天即將到來的時候，因此在土壤深處注入液態肥料原液的話，到適當的時機時會自然滲透出來，反而能夠有效率的被吸收。我實際品嚐到用這個方式栽培出來的蠶豆，相當好吃。即使是用普通的永田式方法栽種，當然也能成功的種出很多上等的蠶豆。

⬅播種之前，也有一種把液態肥料原液注入到田畝中央深溝渠的方式。用這種方式，到隔年初夏收成之前都不需再施加任何肥料。

## 提早採收的嫩蠶豆很甜

八王子這一帶，早一點的話約是從11月中旬開始降霜，到12月初大多數的植物就停止生長了。這段期間，可以從附近的竹子叢中切下矮竹，插在蠶豆豆苗的旁邊，使它降低霜害。因為豆苗上若有矮竹，多少可以減少接受到霜害的量。從12月到3月上旬，就持續這種狀態，蠶豆也幾乎像是睡著一樣沒什麼動靜。施肥的話，11月時是1星期1次，到冬季後，天氣好的時候差不多10天到2星期施加1次比例的液態肥料。不過，當土麻黃開始要冒出頭的時候，便會開始急速生長。在一眨眼的狀態下就會長到數十cm的高度。花也會綻放。當花一綻放，就可以停止施肥了。接下來以無肥料的方式栽培也不會有問題。這部份是重點。

蠶豆的花也是近看後便覺得刻畫著非常美麗的圖樣，不知不覺就看得入神了，但這時卻也正好是蚜蟲急速增加的時期。我去菜園的時候，差不多是這些蚜蟲要冒出來的時期了！我一邊懷著這種詭異的期待，一邊觀察著。大概在黃金週前後，甚至可以說絕對可以發現這些黑漆漆成群的蚜蟲。一發現這些蚜蟲，先用手指頭捏死牠們。之後，會出現蚜蟲的地方就是蠶豆頂端發新芽的部份，所以必須把這些全部都採收下來。如此一來，容易產生蚜蟲的部份就消失了。這時期的蠶豆，大約已經高達1m左右了。因為蠶豆株沒有必要再繼續大下去，因此利用割除已成熟的部份，可使養分集中使豆子本身越趨肥大，算是一舉兩得。儘管如此，較嫩的豆子上還是會引來大量的蚜蟲。這時，我會噴灑除蟲菊製成的殺蟲劑。這種殺蟲劑跟滅蚊線香是相同的成分，因為遇到光照射便立刻就會分解，因此殘留性非常低。

終於快到了等待許久的收成時刻。當豆莢變得又大又飽滿，顏色變得鮮豔，而且開始呈現微下垂的狀態時，就是收成的時刻了。若是家庭菜園的話，建議可以提早一點採收。因為即將成熟的嫩豆莢有股甘甜的味道，一定會令人驚豔。有許多蠶豆的料理法，我覺得最好吃的方式是把豆莢直接用炭火燒烤。用廚房的烤魚網烤也不錯。今年，我把烤肉用的爐子也帶去菜園，直接在蠶豆圃的旁邊用炭火燒烤。夕陽餘暉的天空下，採收後在火上烤個10秒。「眼前有青翠嫩葉、冰啤酒、剛採下的蠶豆」，已經沒有其他可以形容的文字了。

⬅為了品嚐新鮮美味，比起摘了後奔馳趕回家，今年直接在菜園旁邊舉行燒烤。沒有比豆莢直接燒烤更棒的了。

# 豌豆、甜脆豌豆

○豌豆學名：Pisum sativum
○甜脆豌豆學名：Snap pea
◎播種期：11月上旬
●收成期：5月上旬～6月中旬

## 現採的因較柔軟而格外清甜

和蠶豆一樣，是每年春天令人充滿期待的豆類。真想品嚐那現採的奢侈滋味，家庭菜園也可以栽種。我想，若用永田農法栽種的話，不僅甜味能更上一層，收成期也會拉長。屬於豌豆種類，而豆莢中的豆膨大可食的是甜脆豌豆。如同它被命名為甜脆豌豆，味道非常清甜。不管是扁身豌豆還是甜脆豌豆，它們的栽種方式幾乎是相同的。

栽種的時間和前述的蠶豆一樣，也是在10月份製作高畝，然後如平常一般撒上硅酸鈣和液態肥料。也要鋪上多功能覆地塑膠墊。甜脆豌豆因為比較不耐酸性土壤，所以最好多撒一些硅酸鈣，即使是平常雙倍的量也沒關係。此外，若說到豆科植物全體，它們幾乎都比較不能採取連續耕作，因為很容易引發病害等問題，所以最好是選擇已經3、4年沒有種植過豆科植物的土壤位置較佳。不過，永田先生表示，對於長期只有使用液態肥料

➡⬇即使生食豌豆依然是又甜又美味。那隱藏了度過嚴冬的強韌，在晚春時綻放的楚楚可憐的花朵也深得我心。

的菜園，因為比較不會殘留多餘物質，所以幾乎也不會產生連續耕作易引發的病害等問題。

## 疏苗等冬季結束後再進行

播種約在11月上旬。每株之間要取30cm的間隔，然後在同1處撒上3、4粒種子。用土覆蓋種子約3、4cm。即使一樣是豆類，豌豆的同品種也不見得會像毛豆那樣豆子部分鑽出土的表面變成雙葉，它反而是豆子還停留在土壤下就直接發芽了。正因為如此，它幾乎不會受到鳥的侵害。不過，若太早播種導致成長過度，例如還在秋天就已經生長到30cm高的話，則很容易受到霜害，需要格外小心。

我是讓所有已發芽的植物直接過冬。當霜期結束，進入春天之時，就差不多是作物開始成長的時刻，需進行首次的疏苗，個別留下2株佇立。它們和蠶豆一樣，在過冬之前要利用矮竹來防止霜害，但即使如此，嚴寒時依舊曾有因產生霜柱使植物根部浮起枯萎的狀況。因此，疏苗在冬天結束再進行較佳。

春天，1星期給予1次液態肥料的話，隨著氣溫上升，它們會朝氣蓬勃的開始成長。由於彎曲的鬍鬚會在這時期長出來，必須幫它們製作可以讓枝蔓攀爬的支架。最後它們會長成類似人的高度那般高，這時可以買一般市售的支架架設在四周，用繩子把它們圍起來也可以。我從山上撿了約2m長的小樹枝架設在株與株之間。盡可能多蒐集分枝多一點的小樹枝，讓豌豆的枝蔓有更多位置可以攀附。例如山毛櫸樹就是一種理想的樹形，所以我曾經在它們被當作道路路樹且即將被修剪前特地去跟相關人員要來。

和蠶豆相同，在美麗的花綻放之後，便可以停止供應肥料了。總覺得這時候是果實即將生成的時刻，停止肥料總讓人有股不安的感覺，但是，確實是不會有問題。截至目前為止灌溉的肥料，已足夠栽培出非常甜的豌豆和甜脆豌豆了，而且還比我之前用有機肥料栽培時的收成期更長。剛採收的尤其清甜。一定要在它們未烹煮前嚐一口看看。甜脆豌豆是在豆子已經非常肥大後才收成。收成期的全盛時期，是數量多到若沒有每天採收就會跟不上豆子持續變肥大變成熟的速度。不過實際上要每天採收是不太可能的。它們跟番茄和茄子不一樣，因為果實的顏色是綠色，就算很認真地採收也還是會忽略掉不少。等到發現之後，豆莢變硬，當中的豆子變得太大，不過這點不需要耽心。因為既然變成那樣，可以把它當作青豆來利用。

到收成期的後半段會出現霜霉病（又稱饂飩粉病），我認為不需要特別在意。當病菌擴散到全體使整株變得衰弱時，應該正好也是收成結束準備收拾菜園的階段了。結出相當多的果實，完成身為生物的使命後，以病原菌附著來進行生物分解，以某種意義來看似乎挺殘酷的，卻不免讓我能從中窺見自然界運行的法則。

# 馬鈴薯

## 烹煮時間不僅短，也不太會煮成爛糊糊的

○學　名：Solanum tuberosum
◎植苗期：①2月～3月，②8月～9月
●收成期：①6月～7月，②11月～12月

⬆馬鈴薯在關東以南地區，真想春季和秋季一年栽種2次。若使用液態肥料的話，比預料的更加乾爽，能夠栽培出香味重的馬鈴薯。相片為安第斯山脈的紅色馬鈴薯。

馬鈴薯、胡蘿蔔、洋蔥，不僅保存容易，也是各式各樣料理中不可或缺的食材。在我學生時期，把這3種食材稱為「三種神器」，登山的時候一定會把這3種食材塞進帆布背包裡。只要稍微變化一下調味，就可以輕易的烹調出咖哩、燉番茄、燉奶油、八寶菜等料理，是非常重要的蔬菜。

若是難得自己要栽種馬鈴薯，我打算種植在超級市場不容易買到的種類，因此栽種了不一樣的品種。尤其是一種稱作「安第斯山脈紅色馬鈴薯」的品種，它的外皮是紅色但內部是黃色，香味很重，用滾水燙會呈現一種乾爽口感，是我每年都會種植的品種。只不過，無法長期保存是它的缺點，但是假如是家庭菜園的量，因為它非常好吃，立刻就被吃光光了，加上有些會分送給親友，每次都是才採收就一掃而空。最近，有種名叫「印加的覺醒」的種類相當受到歡迎。確實是相當好吃。與其說是馬鈴薯，不如說像是具有栗子那樣細緻濃密的特殊甘甜口感。不過，它的大小

比較小一點，和男爵薯相比，收穫量極端的少。似乎正因為有這層緣故，才使它的價值也相對的被提高了。

不管是哪一種馬鈴薯，一旦使用永田農法栽培，還會再增加一層的甜味。烹煮的時間不僅變短，也比較不會被煮爛。因為沒有多餘的水分，即使炸成薯條，也能成功的讓它同時具備外圍香脆但內部卻鬆軟香甜。

我一年會種2次馬鈴薯。其中一次是3月播種6月收成的春作，另一次是9月播種12月收成的秋作。春作的收成量會比較多一些。不管是哪一時期，都是先做好高畝後再撒上硅酸鈣和液態肥料。鋪上多功能覆地塑膠墊的話，比較能夠使地面溫度上升，讓成長加速，同時也能夠防範雜草生成。把購買的馬鈴薯種子以間隔40～50㎝、深度7、8㎝的距離栽種。由於一個馬鈴薯種子的標準大概是30～40ｇ，稍微大一點的話，不是切為兩個，而是切成4個。種植馬鈴薯的時候，原則上1星期施加1次份量的液態肥料，但是因為同一個位置會長出數顆芽，只需留下2、3個，其他的要拔掉。這時如果是像平常那樣拔除的話，可能會連土壤中的馬鈴薯都被拔掉，所以要一邊用手掌按壓住地面一邊拔。

春作的時候經常會有二十八星瓢蟲引發的蟲害。這種蟲跟它的名稱一樣，是一種背上有很多斑點的瓢蟲。它是一種非常喜歡馬鈴薯的害蟲，跟馬鈴薯同屬茄科的番茄、青椒、茄子等也經常會因二十八星瓢蟲攀附而葉子被吃掉。它們不像是青蟲那樣在葉子上咬出一個個的小洞，而是會留下削掉葉片的痕跡。雖然也有農藥，但若是家庭菜園規模的話，只要在發現時再除去即可。只不過一出手驚嚇牠們的話，牠們可能會一個個掉落到地面，反而變得很難覓得，所以盡可能悄悄的捕捉它們比較好。另外，瓢蟲當中的七星瓢蟲並不是「害蟲」而是「益蟲」，因為牠們最愛捕捉菜園天敵—蚜蟲的幼蟲為食，是一種對菜園而言算是珍寶的蟲類。

## 收成後要把表面徹底乾燥

假如沒有鋪設多功能覆地塑膠墊的話，在發芽後大概每個月1次，必須把土壤撥到每個根株上。馬鈴薯會在最初種植的馬鈴薯種子上生長，所以必須要幫它們製造出一個可以讓新馬鈴薯成長的位置。但是，若認為很麻煩而一次給予過多土壤的話，則會導致地中的溫度無法上升致使馬鈴薯的成長變差，因此分成2、3次把土壤覆蓋上去比較好。當長出花苞後就停止液態肥料，之後採取無肥料的栽培方式。當根株下方的葉片開始枯萎時就是可以收成的時候了。芋頭類植物和小黃瓜和番茄不同，小黃瓜或番茄即使稍為延遲採收也不太會影響品質，但是馬鈴薯的採收如果延遲了，它們會因為開始二次成長而使味道變差，需要格外注意。必須早一點挖掘出來，然後擺放到通風的地方使表面徹底乾燥。若是讓它們維持挖出時潮溼的狀態，它們會很容易腐爛，必須特別注意。最初種植的馬鈴薯種子部分，到收成期的時候幾乎都已經腐爛了。挖掘的時候若讓腐爛部分的汁液附著在新結成的馬鈴薯上的話，會導致新結成的馬鈴薯容易腐爛。

用永田農法栽種的馬鈴薯幾乎和那個香甜的洋蔥是在同一個時期收成，用這兩種食材一起做一道燉牛肉吧！一定能技巧熟練的做出一種在其他地方無法品嚐到的「就是這個天然的甜味」的絕妙美味。

⬆想在家庭菜園中栽種特殊的品種。相片是一種紅・紫色馬鈴薯的品種。外皮有紅色和紫色，內部是黃色，口感乾爽香味濃。

⬆大約5月下旬馬鈴薯的花就會綻放了。左上方的相片是七星瓢蟲，它們是以蚜蟲為食的重要益蟲。另一方面，左下方相片的二十八星瓢蟲是一種會把馬鈴薯、茄子、番茄、紅辣椒、青椒等的葉子吃掉的害蟲。

# 高麗菜

## 把幼苗的根切除一半後再種

○學　名：Brassica oleracea Linn. Var. capitata DC.
◎植苗期：①5月，②8月～9月，③10月
●收成期：①7月，②12月～1月，③4月～5月

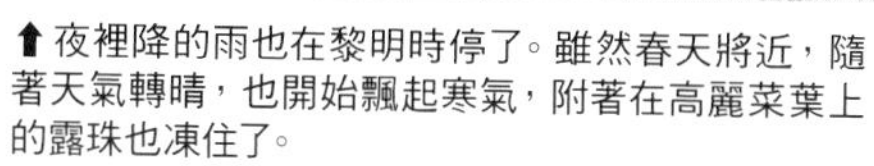

⬆夜裡降的雨也在黎明時停了。雖然春天將近，隨著天氣轉晴，也開始飄起寒氣，附著在高麗菜葉上的露珠也凍住了。

高麗菜有各式各樣的種類，幾乎可說一年四季都可以栽種。以我的狀況來說，夏天的菜園裡已經被西瓜、南瓜、芋頭、番薯等蔬菜占據，沒有多餘的空間種高麗菜。所以我通常是採取秋天播種春天收成的方式。而且這個時期害蟲造成的蟲害也比較少，能夠種出又軟又甜的春季高麗菜。

從播種開始算起的話，大約是9月下旬播種，等10月底長出數片本葉後就移為定植※。因為我不太可能會栽種到數十株，所以都是買回幼苗後就直接在菜園中定植了。一如往常，我事前準備好30㎝的高畝，在裡面注入硅酸鈣，然後鋪上多功能覆地塑膠墊，接著在塑膠墊上開好洞孔，以每株間隔約40㎝的距離栽種。在此，介紹使用永田農法直接將購買回來的幼苗在菜園中進行栽種時需特別注意的要點。使用一般農法把幼苗種植到菜園時，為了不使附著在幼苗上的土壤崩壞，大部分都會盡量快一點種植好。

但是永田農法卻完全不一樣。當時

（※）定植……指移植到採收的位置栽種。

向永田先生詢問植苗的方式時，我實在非常不敢置信，因為他的方式顛覆了我當時所認為的常識。一般作法都是把幼苗放在直徑10cm的寶特瓶中育苗。將幼苗從寶特瓶中取出移植到菜園時，都會在移植前20分鐘左右澆水在幼苗上。這樣的話，即使從寶特瓶中取出，土壤也會因為已經固定而不容易崩壞。也就是說，盡可能讓寶特瓶中取出的幼苗能夠保持土壤的完整性，用以保護根部不受損害，需要特別花費心思盡快移植到菜園中。這不僅是常識，我這10數年來也都是這樣做。但是永田先生的方式卻是先從寶特瓶中取出幼苗，然後用水桶水把根部附著的土壤徹底洗乾淨並清除。然後露出白色的根……。令人驚訝的還不止如此。接著拿出剪刀，把根的一半剪掉！難道，我一直以來那樣小心翼翼細心呵護的幼苗的根，就這樣用水嘩啦啦的沖洗，甚至還啪的一下剪斷……。實在太震撼了。真的能種出好吃的蔬菜嗎？幼苗會不會先枯萎掉呢？我心中這樣耽心著。應該沒有這種像魔術的農法吧。不過，立刻要說結論的話，真的跟我當初所想的相反，即使是在我的菜園，這種方法也一樣栽種出了既漂亮又美味的蔬菜。

據永田先生表示，把幼苗的根洗淨又剪斷似乎有以下幾點理由。首先，裝載在寶特瓶中幼苗的土壤和菜園的土壤一般成分是不同的。有時候，根因為無法適應土壤改變，反而生長時會自行彎曲。另外，大多數的蔬菜具有能夠直直往下伸展的粗的直根以及吸收養分的細的毛細根，當直根被切斷時，毛細根就會比較容易發展。而且，如前面所述，在田畝中鋪上多功能覆地塑膠墊的話，蔬菜為了吸取滲透在田畝表面的液態肥料，在靠近表面的位置，毛細根，也就是所謂好吃的根，會盡力發育延伸。雖然是稍微專門的內容，不過據說直根是吸取從肥料中分解出來的氮，而毛細根是吸收燐酸。若氮含量過多，蔬菜便會出現生澀嗆鼻的成分，而燐酸則是提高蔬菜的糖度。因此，用永田農法抑制直根並讓毛細根發展的方式，也可以算是栽培美味蔬菜的關鍵。

不知怎麼的，根被切除的蔬菜就像是去勢一樣，模樣非常可憐。但令人驚訝的，是它們跟沒有被切除的狀況幾乎一樣，只要2、3天就能生根，然後健康的開始成長。這或許也是激發蔬菜原始生命力的第一步。

## 連芯都很甜，非常好吃

把使用這種手法剪短的幼苗根散佈在四處的同時，將它們定植在菜園中。這邊也讓我介紹一個從永田先生那裡討教來的獨門秘訣。在挖好洞穴要栽種幼苗的時候，把一些土壤放在洞穴底部的中心部位上。將幼苗根像是要覆蓋住底部的土壤小山上般廣泛的分佈。這麼一來，根自然較容易大範圍的朝四面八方伸展出去。接下來就像平常一樣1星期施肥1次。天熱的時候在早晨或傍晚施肥在根部，天涼的時候則選擇正午溫暖時間施肥。

1月、2月嚴寒之時，雖然從外觀看來幾乎像是停止生長，但實際上，地底下的根卻是堅韌的發育著。

一到3月，它們便急速開始成長。春天特有的紋白蝶也開始在高麗菜園上飛舞。不過，雖然蝴蝶相當惹人憐愛，牠們的幼蟲卻是高麗菜的天敵。牠們一看到高麗菜就食慾大增，不用一刻鐘就能把葉片咬得到處是洞了。必須要仔細的觀察，小心地把牠們除去。雖然這樣依然沒辦法完全杜絕蟲害，不過，當春天正式來臨，高麗菜的成長速度便會超過蟲害產生的速度，葉片會在中心開始捲曲起來。高麗菜外層的葉片就算佈滿害蟲咬的洞，球莖位置的葉片因陸續開始捲曲，幾乎不會有問題。當中心部位的葉片開始捲曲，就可以停止施肥了，最後1個月則採取無肥料的方式栽培。假如是用永田農法栽種的話，就算是芯的部位也非常甜，可以種植出連菜芯都美味的高麗菜。

在永田先生那裡品嚐到的高麗菜糖度是12度，甚至也有糖度達15度的記錄。若能提升糖度到這樣的程度，一定也可以做出高麗菜醃漬發酵的超級美味德國特製酸泡菜。因拍攝而在永田先生那裡打擾時，中午用餐時刻最極致奢侈的享受，就是品嚐用永田農法栽培的越光米飯糰中包裹醃漬的高麗菜時，臉頰不由得也跟著鼓起來的那瞬間了。

➡永田農法中在移植幼苗時有個相當特殊的秘訣。首先，用水桶水清洗附著在幼苗上的土壤，然後把根剪掉一半左右。

➡挖掘好幼苗移植的洞穴後，在穴底中心稍為做一個隆起的土壤小山。像是覆蓋住這個小山一般，把幼苗種在上面。

➡將剪短根部的幼苗大面積的分布種植在土壤上是這個方式的重點。可以使毛細根重新發育，也能提升吸收液態肥料的成效。

⬆圖左是剪斷幼苗根種植出來的樣子。圖右是沒有剪斷幼苗根種植出來的樣子。雖然從圖中感覺初期的成長狀態是沒有剪斷的看起來比較好，但是有剪斷的會後來居上，甜味甚至還更勝一籌。

⬅高麗菜算是很怕蟲害的蔬菜代表。特別受到紋白蝶、小菜蛾、甘藍夜蛾等的幼蟲喜愛，要小心的把牠們除去。

# 生菜

## 在花盆也能輕鬆栽培

○學　名：Lactuca sativa
◎播種期：①3月，②8月
●收成期：①6月～7月，②11月～12月

←生菜依照種類的不同，也有各種葉色和口感。❶是像羅勒那種食用莖部的生菜。❷～❽是各種食用葉片的生菜。義大利或法國的稀有品種，可透過網路購物取得種子。現採的生菜，從切口處會流出白色的汁液，趁著還相當新鮮的當下，可品嚐那清脆甘甜的蔬菜。

最喜歡現採的那種又嫩又脆的生菜口感及香氣。自己栽種的話，也能品嚐蔬苗時嫩菜葉的香甜。實際上，生菜有各式各樣的種類，試著取得各式品種的種子，享受各個顏色、形狀、甜味，以及說不清的模糊苦味吧！

一般的球狀生菜喜歡涼爽的氣候，所以我都在4月植苗6月收成。第2次則是9月植苗初冬收成。必須結成球狀的球狀生菜，因為是會受到溫度和日照時間長短影響的品種，能夠栽種的時間受到不少限制。加上它比較不耐酸性土壤，所以千萬別忘了要在菜園中撒硅酸鈣。以間隔20～30cm的距離栽種幼苗後，就照以往慣例1星期施加1次分量的液態肥料即可。

跟高麗菜等十字花科別的蔬菜相比，生菜的蟲害問題也比較少。只要不弄錯季節，它並不是很難栽培的蔬菜。生菜也是當葉片開始捲曲後就停止施肥。用液態肥料栽培的現採生菜，宛如纖細的細工玻璃般具有張力，而且還可以嚐到一股渾圓獨特的口感和甜味。

整年度都很容易栽培的生菜，是一種常在料理中跟沙拉搭配，名為「陽光大陸妹」的非結球型生菜。雖然它一遇到高溫苦味就會變強烈，但是卻很耐熱及耐寒。當然，也可以在菜園中栽種，在此介紹栽種在花盆的方式。若栽種在花盆或盆栽內的話，任何時刻都能採收，可以輕鬆的利用在搭配料理上。

用永田農法在花盆裡栽種時，最需要注意的重點是土壤。我在前面篇幅中提到過，栽種在菜園時盡可能選用不肥沃的土壤較好，栽種在花盆時也是一樣。一般市面上以「花盆專用培養土」或「花及蔬菜專用土壤」等名稱販賣的土，都有另外添加肥料在裡面。而永田農法則是希望使用不含肥料的土壤。例如「赤玉」、「鹿沼土」，以及九州產的「日向土」等土壤都很合適。永田農法是專門使用「日向土」。「日向土」被當作是「園藝用的輕石」，實際上，與其說它是土壤，倒比較像是輕石那種顆粒。因為質地很輕，移植到花盆也很方便。加上沒有添加有機肥料，也沒有味道，用於室內栽種也很合適。不過，並不是任何一家園藝店都有販售，我是利用網路購物取得的。附帶一提，我用「赤玉」和「日向土」搭配相同的條件栽種過生菜，也比較過它們栽培出來的效果。總之，建議選用顆粒大小最小的細粒。

在花盆中放入土壤後，先注入充分的液態肥料。然後稍微撥弄一下土壤，確認液態肥料是否有深入到花盆底部。接著在表面製造0・5～1cm左右的溝渠。若花盆的大小是一般寬20cm、長數十cm這種類型的話，基本上以2條溝渠為佳。因生菜的種子在發芽時需要光線，所以只覆蓋少許土壤，稍微能夠遮掩種子即可。在這邊介紹另一種永田農法常用的土壤。是用於培養草坪的「目土」。在生菜種子上方鋪上這種目土。如果是有打高爾夫球的人，只要一講到覆蓋草坪洞穴的土壤應該立刻就能瞭解了吧。這種目土的顆粒也很細，加上它比一般的土壤輕，所以永田農法也經常在播種後用它覆蓋種子。就算是在菜園，當種子較小的時候也會使用它。的確，發芽率似乎也因此提高了。我在種植生菜、胡蘿蔔、結球甘藍、水菜等種子顆粒較小的十字花科的蔬菜時，會在覆蓋種子時使用它。但豆類那種種子顆粒較大的蔬菜，則是直接使用菜園的土壤覆蓋。

⬆永田農法在花盆栽培時，建議使用日向土。雖然說是土壤，卻是顆粒極細的輕石。覆蓋種子時，使用培養草坪用的目土可提高發芽率。

## 是哪一種土在支配成長狀況？

在發芽之前每天都要施加液態肥料。等到發芽之後，以1星期施加1次的頻率即可。種在花盆的話，春天到夏季高溫時若沒有每天澆水便會枯萎，只有這點需要特別注意。這部分和菜園的露天栽培不太一樣，平常只需要澆水，1星期灌注1次液態肥料即可。當葉片和葉片看起來像是重疊的樣子後，就可以一邊疏苗一邊試味道。也要趁疏苗的葉片還很小很嫩的時候品嚐一下根部的味道。不但營養豐富，還有隱約有股甜味。等它們長大了後，就可從外圍的葉片依序採收來使用。能這樣使用的生菜和球狀生菜不同，因為它們可以在被採收的同時繼續生長，所以液態肥料也需持續用到最後為止。

接下來，「日向土」和「赤玉」到底有什麼差異呢。我所使用的種子，是一種混合很多種類名為「綜合庭園生菜」的品種。「日向土」因為是細顆粒的輕石，所以質地非常輕，對於移放到花盆也很方便，不過卻很容易乾燥。另一方面，「赤玉」比較能夠維持適當的溼氣，感覺上也比較能使液態肥料滲透到內部。不過，生菜的發展狀況卻跟我預測的相反，反而是用「日向土」栽種的成長效果比較好。乍看之下，排水太好，液肥也會啪的一下就流失掉的「日向土」反而支配生長較佳。這是為什麼呢？我跟永田農業研究所的研究員談到此事，結果我對於「正因為排水狀況佳，土壤立刻就乾燥了，於是蔬菜強烈的處於渴望水分的狀態，說不定反而使吸收液態肥料的效率增強」的這個假設感到釋懷了。這或許就是永田農法的基本原理。另外，因為「日向土」比「赤玉」更具有耐久性，具有可重複使用多次的優異特性。

⬆左圖是使用「赤玉」栽種，右圖是使用「日向土」栽種。同時播種之外，使用日照條件和液態肥料也完全相同的方式栽培。「日向土」因為是很容易乾燥的輕石，原以為生長狀況會很差，但卻如相片所示發展情況良好。

# 草莓

## 豐富的爽口香氣下，結合了濃郁的甜味和酸味

○學　名：Fragaria ananassa Duch
◎植苗期：10月中旬
●收成期：6月～7月

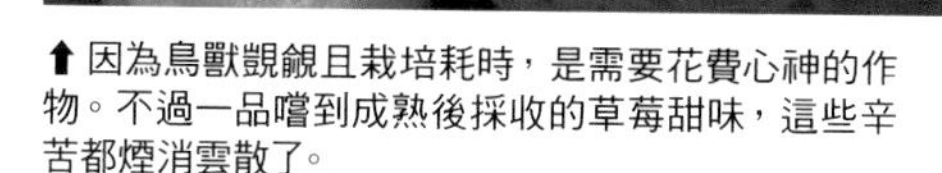

⬆因為鳥獸覬覦且栽培耗時，是需要花費心神的作物。不過一品嚐到成熟後採收的草莓甜味，這些辛苦都煙消雲散了。

若想到番茄，假如也用液態肥料來栽培草莓，我認為說不定可以栽種出甜美的草莓。最近，市面上開始販售真的非常非常甜的草莓，實際上，似乎有許多草莓農家所採收的草莓是用液態肥料栽培的。我抱著也能栽培出這種美味草莓的期待，展開使用液態肥料栽培草莓的挑戰，沒想到卻演變成一場和敵人的大戰。

草莓是稍微需要花費心思的作物。春季收成結束後，從母株位置會長出一個一個的子株。在8月末取下這個子株，開始育苗。從母株延伸出來的莖稱為跑蔓者，在莖上會附著非常多子株，最靠近母株的子株就像是長男一樣，因為它會承襲母體的病痛基因，所以這顆子株不使用。將子株順位的次男、三男從莖上取下，種植在新製作的田畝當中。附帶一提，每年把子株取下後就會把原本的母株處理掉。育苗用的田畝也依然是使用高畝，然後如以往一般撒上硅酸鈣和液態肥料。盡快把子株移植到高畝去。每株間隔10㎝左右，因為那時還處於

殘暑季節，在細根長出前的這幾天，必須要每天澆水。假如可以用黑色寒冷紗（編織粗糙的薄布）或遮光網做成隧道般的防護區來覆蓋根部的話，對根的存活很有益處。10月中旬要再製作另一個定植要用的田畝，把在這邊培育2個月的苗移植過去。

草莓跟蠶豆一樣，有特殊的液態肥料施加方式。首先，在定植用的田畝中央挖掘深達20cm的溝渠。將液態肥料未稀釋的原液灌入其中。每2m施加1ℓ左右的肥料原液。永田先生告訴我，因為草莓的生長時間很長，用這樣的特殊施肥方式對果實的生長很有幫助。然後，在移植2星期前準備鋪好的多功能覆地塑膠墊。接著，這次取40cm的間隔，把幼苗移植進去。假如使用液態肥料育苗時的土壤和這邊的土壤相同的話，則不需要把根剪斷。之後，持續1星期1次的液態肥料。因為草莓是不耐乾燥的植物，若無論如何都要在東京這樣的氣候下栽培，可能會有幾株因為太過於乾燥而無法順利度過冬天。就算好不容易捱過了冬天，我以前栽種的很多株都只結出小果實。不過，我今年在冬季期間也定期施加液態肥料，無論是哪一株都青翠健康。當然，冬天的時候要選正午較溫暖的時候施肥。總算度過嚴寒的冬天後，一到春天便會綻放爽朗的白花。當花季結束後，當然就是果實開始肥大之時。當這個果實開始肥大之後，就可以停止液態肥料而採取無肥料方式栽培。不過，老舊且有損傷的葉片是引發病蟲害的原因，一旦發現便要立刻清除。

接下來，到6月時，大粒的草莓即將變為成熟的顏色，也接近可採收的時刻。在一個晴朗的早晨，我帶著竹籃到菜園去。是嚐鮮的時刻了！我想都沒想就摘了一顆。清甜口感不用言喻，但是它不止清甜還帶著一股酸味，以及清爽的香氣。是非常均勻的濃郁口感。而且因為是用液態肥料栽種，似乎較不容易損傷到果實。草莓從前一年8月種植子株到可採收共需要10個月，也是個相當耗時的作物。不過，就算人類的科學技術非常發達，也絕對沒辦法在短時間內從物質生產出草莓。自然界耗費這麼長的時間製造出草莓給我們，也讓我對這一顆顆草莓更加愛不釋手了。

## 草莓大盜的真面目？

去年6月，發生了一個事件。是我在第1次採收結束，第2次進行採收的時候。那時我一到草莓園，竟發現那紅潤成熟的草莓數量減少了。3天前過來的時候，我估算應該今天可採收的成熟果實數量大約有30個，但是現在卻只有幾個而已。對了，八成是小鳥搞的鬼。鐵定是烏鴉或是短腳鵯不會錯。我急急忙忙的搭起網架防護。然後又過了3天，我的草莓依然被偷吃了。真奇怪阿？我不認為鳥可以自己跑進網子裡。正當我懷疑是不是老鼠咬壞的瞬間，有個東西映入眼簾。是草莓的蒂。

仔細一看，綠色的草莓蒂被丟得到處都是。「什麼，難道犯人是人類嗎？」這麼一提，菜園的後山鄰接的大學學生們有時候會在這附近來回走

⬆從採收結束的母株延伸出來被稱作跑壘者的莖會陸續生成子株。右邊的是子株次男，手邊拉扯的是子株三男。

動。一定是口渴的時候發現了紅潤成熟的草莓，想都沒想就摘起來吃掉了。因為是液態肥料栽培的，吃了一粒就被它的甜味吸引忍不住一吃再吃，最後吃掉了一大堆吧。我在旁邊豎立了一個寫著「請勿摘取草莓」的小看板。但是……。損害卻沒有跟著停止。實在是非常不要臉的傢伙！我憤怒的同時，草莓季也逐漸進入尾聲，無奈，只好期待明年了。

就這樣經過1星期左右，我看到新聞播出草莓農家被動物入侵而遭受損害的特別報導。他們在夜間的草莓園裡裝設監視攝影機觀察。發現最初跑進來搗亂的，是貍貓！貍貓們一口接一口大口地吞著草莓。接著跑來的是果子狸。牠原本就是從海外來的外來動物，據說是當時在中國發生SARS騷動的主要感染源。說不定就是果子狸跑到我的草莓園裡偷吃，然後留下完整的草莓蒂！原來是這樣子啊，犯人是這傢伙啊！難怪看不懂看板上的字啊。○○大學的學生們，真是抱歉。話說回來，我栽種

⬆採收期即將來臨的5月下旬草莓園。每株可採收的果實依株況而定，大約有15粒上下。

➡5月初旬的草莓園中，會有直徑3cm左右可愛又惹人憐的小白花一齊綻放。

➡6月的收穫最盛期1天大概可以採收1個竹籃的量。光用看的就能感覺到草莓香氣。可順利栽種出成熟的草莓。

的玉米也好幾次被果子狸偷吃過。最近菜園周圍的獾也增加了不少。即使這樣，還是會出現會挖洞穴的傢伙，或是技術高超的傢伙，到時候會有一個個不同的動物出現吧。不過，都市生活幾乎只能跟人類互動，雖然這是個惱人的問題，但是能這樣和動物有交流，也算是某種奢侈的經歷吧！

# 第三章 直到我租借了菜園

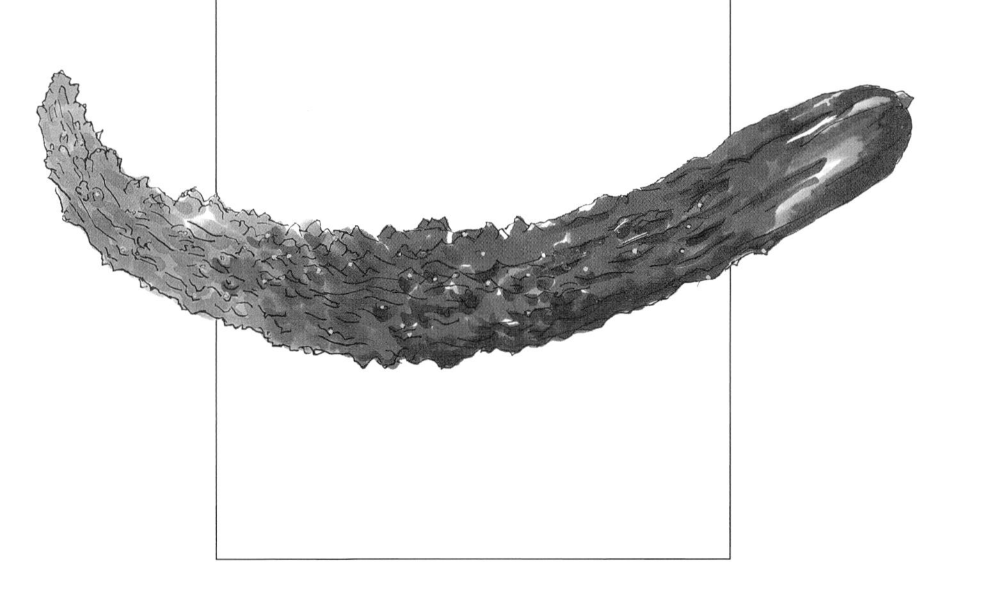

## 從市民菜園展開栽培蔬菜的夢想

抱著「只要有機會，也想嘗試自己栽種蔬菜」這種想法的人越來越多了。但是，最大的難題是，日本國內雖然菜園數量像山一樣多，但那些菜園能夠讓個人租借嗎？

我展開家庭菜園的契機，是因為看到八王子地區市民刊物的討論。當時映入眼簾的是一則很小的記事，它寫著「八王子市・市民菜園　募集通知」，內容是說市區內有數十個位置的農地可以作為市民農園無償租借給市民。若參加的民眾超出定額則採取抽籤制，據說依照位置不同有數倍的限制門檻。離我家最近的市民農園，剛好是住宅區中最方便的，果然競爭人數也似乎比較多。即使如此，我還是非常想要栽種蔬菜，因此抱著很輕鬆的心情報名參加了。

我出生於東京都內的文京區，因為一直居住在都市，自然也就沒有接觸過菜園相關的工作，父母親的老家也都不是農家，所以我連栽種蔬菜都沒有看過。我只是從小喜歡生物，暑假時會在附近的神社或寺廟花一整天採集昆蟲罷了。中學後開始對登山產生興趣，因高中時恩師的影響而知道了高山植物的魅力，因此大學時選擇專攻植物生態學。我不但對於植物本身很感興趣，也非常喜歡栽培生物。不過，若說要栽種蔬菜，栽培那種真的能吃的東西，像我這樣的新手真的可以順利栽培出來嗎？像番茄或茄子這種果實比較大的蔬菜真的可以栽種成功嗎？我的心裡抱著這樣的不安感，認為最初只要能成功做出一點點什麼就好了。

沒多久，很幸運的收到市公所寄來「市民農園・當選」的通知明信片。通知書上表示，必須在4月第1個星期日到現場集合，參加農園使用相關注意點的說明會，之後便展開為期2年的無償租借。那麼，我首先該準備些什麼呢？我匆匆忙忙的跑到書店買了一本家庭菜園入門指南。我參考書中所介紹的，到大型生活用品量販店（Home Center）買了鎬鋤、鐵鍬和肥料。那時候已經常常聽見「有機栽培」這個詞了，書中也寫著「首先，在日常生活中收集堆肥，來製造一個肥沃的土壤吧！」。但是，就算突然講到堆肥，我也沒有那種東西，最後，連這項也是在大型生活用品量販店裡直接買了袋裝成品。

4月第1個星期日，我滿懷期待的到市民

農園報到。想要進行家庭菜園的人，從年齡層看來似乎是50歲出頭的人居多，和當時的我一樣30多歲的人似乎很少。主辦單位為了隔開各個劃分的區塊，利用張開白繩來標示區域，這白繩在黑色土壤上顯得特別顯眼。一個區塊大約有1・5坪，相當於3塊榻榻米。以農家的角度來看，這樣的大小簡直是巴掌般狹小，但即使如此，我還是在筆記本中劃上區塊圖，興奮地計劃著哪個位置要種植什麼。即使是過了這麼多年的現在，我依舊清晰的記得這份最初設計的耕作計劃。玉米2株，小黃瓜、番茄、小番茄、茄子、四季豆各1株，其他剩餘的空間種生菜、大頭菜等等。

雖然我申請的是離家最近的位置，但是依然是步行無法到達，需要15分鐘車程才能抵達菜園。因為現在跟農家租借的菜園地點從我家走路過去只需要2分鐘，所以現在回想起來，當時的地點還真是遠。不過，因為是我的第一個菜園，因此特別興緻勃勃，往來頻繁。曾有幾次，在夏季某個很熱的日子，我無論如何都想要為一株才剛栽種的幼苗澆水，但是不巧那天我沒有車可以使用，沒辦法，我只好把20ℓ的水裝進大型塑膠桶（polyethylene tank）中，汗流浹背地扛著桶子搭公車到菜園去。

最初租借菜園時種植的玉米，過了很久都沒有冒出新芽。不過，4月中旬的春雨煙霧中，我發現它從土中涮的一下生出芽來，到現在我依然鮮明的記得那時候的喜悅心情。

茄子、番茄、小黃瓜都是買幼苗回來栽種。設置支架、把莖束上、拔雜草、施肥……，全部都是照著書邊做邊嘗試，然後從嘗試與錯誤中展開的。雖然現在能夠立刻分辨出好壞，但當初不知道哪個才是應該摘除的番茄側芽，曾經好幾次不小心摘掉主芽。其實，正因為長出了側芽所以不會有問題，但那時卻以為已經糟糕到走投無路的地步了。我飢不擇食般地向隔壁熟練的大叔詢問，「這樣沒問題吧？真的可以順利長出果實吧？」，同時認真追問相關細節，那段日子還真令人懷念。我也有跟毛豆有關的悲慘記憶。播種後1星期到菜園一看，眼前出現像土麻黃般的白色莖直挺挺地排列在菜園裡。「毛豆長出了稍微不太一樣的芽耶！」我感到非常欣慰，對它們之後的生長狀況抱著非常大的期待。1星期後，我再次到菜園，它們這時卻幾乎都枯萎了。只剩下2、3枝莖還

⬆菜園的工作格外令人強烈感覺置身於四季的轉換中。春天，小松菜的花綻放著清香，森林被柔和的新綠團團包圍。

在！

其實，上星期看到的直立白色莖，是正值發芽的狀態，頂端的豆的部份，也就是分岔變成雙葉的部份，全部都不知道被什麼給吃掉了。是蟲嗎……，不對，是鳥！話說回來，指南書當中有提到「毛豆要特別注意鳥」，我還以為是指山裡的菜園，以為在住宅區應該不會有問題便無視這項提醒。但是回想起來，播種的時候我明明有看到鴿子停在電線上……。現在，我會利用鋪上線或網子防範，便不會有鳥害了，但最初還真是不知道這些小技巧呢！這種只有新手才有的苦痛經驗真是數不勝數。

## 第一次的蔬菜震撼！

在那樣惡戰苦鬥的日子裡，終於看到一絲可以收成的徵兆了。那是四季豆。當白色的花朵凋零落下，便露出像火柴棒那般大的果實。我心想「說不定可食用的果實馬上就要成熟了！」，隨著果實一點點成長，我心裡的期待也越來越大。到了6月中旬，成長的像鉛筆一般的四季豆總算結了10枝左右。對當時的我來說，這是一股強烈的「果實累累」

⬆相片中央的藍色網子部分，是我租借的第2個菜園。永田先生說，由於平緩斜面的排水良好，非常適合用來栽種蔬菜。

的感覺。我仔細的把它們一根根採收下來，然後急急忙忙地跑回家去。先在鍋裡煮了水，水沸騰時用手抓了一些鹽加進去，然後把四季豆放入滾水中，大約煮個2分鐘就夠了，看起來好柔軟……。裝進網狀瀝水籃中讓它們冷卻。然後吃吃看。哇，這個！我發出「嗯～」的聲音，幾乎有半刻說不出話。甜味是不在話下，而且味道很濃。與其說味道很濃，應該說我對於「所謂的四季豆，原來是這種味道啊！」的口感，感到非常感動。現採的四季豆川燙後的鮮味以及從未品嚐過的濃郁香氣，加上它具有新鮮蔬菜的極大特徵，明明很柔軟，卻相當有嚼勁。不過就是四季豆而已，卻讓我如此驚訝。當然，我耗盡心力親自栽培和採收應該也是這格外喜悅的原因吧。就算如此，若你要說我是為美味而特別感動，我認為那也是因為我認定那是非常重要的事。原本人類的味覺就不僅是靠舌頭和香味決定而已，因為味覺也會因品嚐時的氣氛或料理的背景而大受到影響。我甚至認為這也正是自己製作家庭菜園的意義之一。儘管是這樣說，就算不討論這部分，剛採收的新鮮蔬菜也一定是特別好吃的。若要評論截至目前為止吃過的四季豆，可說幾乎都不帶香氣，例如，就算是做成涼拌菜或涼菜，總覺得吃到的都是攪拌在四季豆周圍的芝麻或柴魚片的味道。我那時品嚐四季豆的強烈震撼，真的令我不禁認真懷疑「我到現在為止所吃過的蔬菜到底是什麼？」。

特別是最近和永田蔬菜相遇，讓我有了第2次關於蔬菜的震撼，甚至讓我感覺到「人栽培出來的食材當中，像蔬菜那樣美味的東西，和不好吃的東西的差別，也並不是沒有。」。就像是以松坂牛為代表的肉類一樣，從最好到最壞都有，所以我希望可以讓更多人知道，其實蔬菜也是有這樣驚人的差異的。我一位相當憧憬的玉村豐男先生，他不僅是專欄作家，也是畫家，而且還是一位從葡萄酒釀造所（winery）到餐廳都擁有的農場主人。這是糸井重里先生在電視節目「月刊蔬菜通訊」中訪問玉村先生農場時發生的事。玉村先生表示，「一旦自己栽種蔬菜並品嚐過後，通常都會想要把現採蔬菜的新鮮美味介紹給自己以外的更多人知道。就是因為這樣，造成我後來甚至在農場中設立餐廳。」。嗯，這倒真是蔬菜一採下就立即可派上用場呢！

## 菜園擴大作戰——被菜園的魅力吸引而購入住宅

我原本就很喜歡栽培作物，與其說是「捨華求實」，應該說我果然還是一遇到美食，就只顧著當貪吃鬼了吧。因此才更加專注在種植蔬菜上。但是，很可惜的，市民菜園的租借期限只有2年，再申請也不保證一定能抽到籤。假使抽籤抽到，也應該是被分配到和現在不同的劃分區域，因此3月底必須先暫時把菜園收拾乾淨，像豌豆那種農時稍長需要過冬再等到春天才能收成的蔬菜，便不能栽種了。我不禁開始思考，有沒有能夠長期使用的菜園？是否有稍微大一點的菜園呢？可以的話，距離我家只要步行便能抵達的話就更棒了。其實我家附近的農家有把自家的休耕地提供給民眾當作家庭菜園使用。當我經過那裡的時候，也打聽過相關的租借方式，但是排隊等著要借用的人不計其數，似乎不是那麼容易可以借到。某天，我家附近有個中古屋要出售，那個屋子的後面立刻有個雜木森林，我心裡想著，假如我買了這間屋子，能有這樣的附加價值還真不錯。於是我立刻前往那個中古屋跟屋主見面。雖說泡沫經濟已經結束，但它的餘波未息，完全反應在這屋子的高價了。老實說，我蠻猶豫的。但是屋主突然對我說了一句話，成為我下定決心的關鍵。他說，「若你買了這間屋子，我現在借用的菜園也可以直接傳承給你使用喔」。

什麼!?我就像是中了樂透大獎一樣，「是哪裡的菜園？請立刻帶我去看看」，我馬上對屋裡的格局或裝潢不感興趣，只想要趕快看看菜園。我興奮不已，大概走了2分鐘到了那個菜園。果然，是某戶農家休耕地的一角。它的大小約有50塊榻榻米般寬廣，離家也非常近，更沒有2年就要交替的問題。以菜園的角度來看，就像是從一間6塊榻榻米的小房間搬到大豪宅一樣。於是，當天傍晚，我就提出申請要購買那間屋子了。

雖然因為這樣的理由買了高價的屋子，但是從家裡可以步行到寬廣的菜園，總算可以開始真正的栽種蔬菜了。我連續2年、3年的栽種，失敗例子也漸漸變少，而且收穫量和品質也大幅提升了。儘管如此，人的慾望是沒有終止的，我開始想要更大的空間來栽種蔬菜。我心想，小黃瓜、茄子、生菜等蔬菜若是大量栽種會吃不完，所以像是馬鈴薯、芋頭等芋類，或是洋蔥等蔬菜，因為容易保存，即使栽種很多也沒關係，因此想多種一點。另外也想要大量栽種我最喜歡的蠶豆、玉米、還有西瓜。我也曾在附近找尋進行農作的農家，硬著頭皮詢問他們「如果有閒置沒使用的菜園，可以租借給我嗎？」。實際上，休耕地非常多，但現實上幾乎不會隨便租借給不認識的人。

某天，我在附近的山裡散步後走到菜園，遇見一位正進行農作的老婆婆。正當我以為他在這麼大的菜園耕作應該本身就是農家的人時，他卻說他是借用休耕地來當作家庭菜園。而且，而且……。他還告訴我鄰近的菜園最近有閒置的，若詢問地主的話，說不定可以出借。我一刻也不能等，立刻飛也似的跑去拜託地主。不過，卻沒能跟地主見上面。有時候看到有進行農作的身影，我匆忙趕過去，卻總是掌握不到好時機。我也在好幾個通勤上班前的早晨在菜園等地主，卻還是沒能遇見他。某天，我看見地主的車開進了菜園，我馬上飛奔追過去，然後，像是祈求般的拜託地主把菜園租借給我。非常感謝的是，不知道是不是因為我看起來相當拼命的樣子，我很意外地主十分爽快的同意了，

⬆一直等待機會栽種蔬菜的我。栽種蔬菜的魅力，除了好吃這項必然的理由外，還有能從大自然獲得能量這點因素。

而且很快的借給我使用。說不定我真的非常好運。

就是這樣，我從約1・5坪大小的市民農園開始，歷經10年以上，現在總計租借了3處菜園，合計約有一個網球場那麼大。以一個在市中心通勤的上班族來說，不使用耕耘機這類機器，作為因為興趣而使用的耕作面積，我想，這樣的大小應該剛好是極限了吧！

## 如果可以增加家庭菜園的話……

經歷了這樣迂迴曲折的過程，幸運的是，以家庭菜園而言，我租借到了相當大的農地。在這個崇尚自然、重視飲食和健康、而且閒暇時間增加的時代，想開始栽種蔬菜的人也越來越多。但是，如同我的例子所呈現出來的問題，就是很難租借到可使用的菜園。自治團體如果可以出借更多市民農園的話就好了。最近，農業協會也開始管理休耕地，作為市民菜園開放給民眾使用。

東京都練馬區的農家—白石好孝（Shiraishi Yoshitaka）先生的白石農園「大泉　風之學校」，就是將菜園的一部分作為栽種蔬菜的學校，教導地區居民種植蔬菜的方法。只要一

⬅大約2、3個月前還只是種子或幼苗的夏季蔬菜們。夏季的陽光將這樣的藝術品孕育出來了。

年繳交3萬日圓的上課費，就可以得到一個30平方米的區域，甚至連種子、幼苗、必要的工具等全部都會幫我們準備好。專業農家會從零開始授課，對初學者而言是相當有幫助的。像我這種從書本學習的，看到有這樣的學校，真的是相當羨慕，就像是作夢一樣呢。而且對農家本身來說，也算是一個經營項目。連結這種農家與一般民眾的劃時代農地學校也開始展開了。

日本的糧食自給率是40％，屬於先進國家當中自給率相當低的。根據２００２年的數據資料，美國的糧食自給率是１１９％，法國是１３０％，英國是74％，不管是哪一國自給率都很高。不過，由於日本在家畜的飼料或油脂類產品都必須仰賴輸入，並非單純靠增加菜園數量就能改善。但是，若能夠自行栽種蔬菜來食用，飲食生活應該可以從肉類及乳製品較豐富的歐美式風格，逐漸轉換為符合原本日本風土的傳統風格吧。

在德國被稱為市民農園（Kleingarten）的家庭菜園約有１００多年的歷史，據說，現在德國國內的蔬菜生產量將近3成是來自於家庭菜園。新鮮、美味、安全的蔬菜靠著自己的雙手栽種、品嚐。如果能夠推廣這種單純想法的地點可以大量被提供的話，不但逐漸增加的休耕地能夠恢復成綠油油的樣子，日本的糧食自給率應該也會自然的升高吧！

⬆長2㎝剛發芽的蔥。從植物的誕生到採收，需要細心的呵護，然後食用。從這個過程中所獲得的東西更豐富。

# 第四章 用永田農法種植的蔬菜【夏季蔬菜】

# 番茄

## 避雨以栽培味道濃郁的番茄

○學　名：Solanum lycopersicum
◎植苗期：5月
●收成期：7月～10月

⬆用永田農法栽培的話，葉片會為了要防止水分蒸發，而變為圓弧狀像要枯萎的樣子。番茄為了從空氣中獲取水分，會長出濃密的細毛。

與永田農法相遇，對於我花費10幾年同時也獲得相應充實感的菜園，帶來了極大的轉變。用永田農法先來種些什麼呢……，最後我還是先選了番茄來實踐所學。「我想要種看看在永田先生那邊拿到的那種番茄」，這樣的想法格外強烈。其實，在家庭菜園很容易栽種小番茄或蛋型的義大利番

⬆切開用永田農法所栽培出的番茄，呈現出充塞滿滿濃郁果實汁液的模樣。宛如凝結了夏季太陽的恩賜。

茄，倒是一般的番茄不太容易。最大的問題是因為它們很容易生病。當梅雨季節來臨，一旦它們被雨淋濕，就會很容易開始生病，導致腐爛。由於番茄的原產地是安第斯山脈的乾燥地帶，所以它們本來就比較無法抵抗濕氣重的環境，也很討厭被淋濕。尤其2003年梅雨季特別長，我周遭零收成的菜園就非常多。不過，我對自己栽培番茄倒是很有信心。最主要的重點，就是栽培過程要避雨。

要怎麼樣讓番茄不被雨淋溼呢？最近，市面上有販售一種專門用於家庭菜園，是可以在2、3株番茄上搭起塑膠屋頂的小型塑膠棚。在家庭菜園中，若想要順利採收一定數量的番茄，就算不是用永田農法，這種有屋頂的塑膠棚也絕對是必需品。我因為非常喜愛番茄，總是種植8株之多，所以有搭起稍微大一點長約8m左右的塑膠棚。因為原本用來搭塑膠棚的鐵製骨架就是組裝品，所以非常堅固。數年前開始使用這個方式以來，番茄也確實生長得更好了。在這之前，因生病而整株腐爛、下雨而導致果實出現極大龜裂痕跡，或者即使可採收也僅有2、3顆而已……等情況層出不窮。但自從搭起塑膠棚之後，大約1株能夠採收到20顆左右的番茄。因為是完全呈現紅潤成熟的狀態才採收，所以不僅香氣濃郁，酸味和甜味也搭配得恰到好處，我認為這樣非常好。

⬆這是我的菜園中所使用的番茄專用塑膠棚，雖然是手製品，卻相當堅固牢靠。最近市面上也有販售小型的家庭菜園使用的產品。

若把這個方式轉變為永田農法的話，將會變成什麼樣？因為永田農法會極力抑制水和肥料，所以若有避雨的塑膠屋頂，則相當有幫助。可以的話，甚至希望番茄以外的蔬菜也都採取避雨的措施。而我是考量植物的疾病問題，僅有在番茄上搭起避雨棚架。接著，終於要進行植苗前的田畝製作了。目前為止製作番茄用的田畝時，首先要挖掘溝渠，在當中施給堆肥、有機肥料，和牡蠣殼石灰，然後整理田畝。這些大約是在植苗的2、3星期前進行。如前文所說明，永田農法的元肥，也就是事前將肥料注入的步驟，在永田農法中幾乎不適用。頂多只有偶而為了防止土壤酸性化，會撒上硅酸鈣來代替石灰。

豎立30cm左右的高畝，用鎬鋤整土，使土壤不會崩塌且約略呈現固定狀。然後只要鋪上多功能覆地塑膠墊就完成了。番茄為了吸收液態肥料會生出細白的根，為了保護這些細白的根，多功能覆地塑膠墊便是不可或缺的資材。像這樣製作田畝，並沒有限定事前要在田畝中注入肥料，植苗的當天才施肥也沒有關係。也就是說，用這樣的方式，在採收一種作物的同一天，也能夠進行下一種作物的植苗。

如果是在毫無養分的土壤鋪上多功能覆地塑膠墊之前，通常會注入充足的液態肥料，但是目前為止我用永田農法栽培的菜園部位，似乎沒有事前施肥的必要。因為原本就是營養含量少的土壤比較理想，而普通的菜園具有的原始力量太強，反而是個麻煩。我的菜園也是長年施加堆肥，可以的話，甚至想要連紅赤土都一併更換。實際上，也不必更換紅赤土，只要盡量減少液態肥料就好了。永田先生表示，若是營養成分高的土壤，先種植玉米也是一個解決方式。因為玉米很會吸取肥料，就算是一般的栽種方式，當想要去除菜園中多餘的肥料時，也可以選擇栽種玉米。

植苗至菜園中通常會選在5月的連續休假時。我的番茄幼苗是跟附近的農家或種苗店購買的。要挑選外型粗大低矮又堅韌的幼苗。在這個時期，種植在菜園中生長狀況佳的幼苗，也就是說，若要培育出能夠結出初花或花苞那般狀態的幼苗，在2月或3月時必須先在溫室播種，然後在溫暖的狀態下育苗。若考慮家庭菜園的規模，因為不至於需要用到50株、100株幼苗，所以現實狀況是番茄、青椒、茄子等蔬菜，直接購買幼苗會比較方便。

終於要準備進行植苗了。首先，在鋪上多功能覆地塑膠墊的田畝上，事前搭上支柱。番茄莖葉會高至2m左右，因為果實長出後會變得很重，所以必須先以交叉方式組裝好堅固的支架。這時，每株間隔40～50㎝處可設立一組支架。在每組支架的根部位置，先準備好植苗用的洞穴。

⬆採收挖掘出用液態肥料栽培的番茄，有大量的細根發育長成。

接著，從培養盆中取出幼苗，嘩啦啦的把根部的土洗淨。然後，大膽的把根部剪掉一半。進行這項步驟時，若根部被日光直接照射會乾燥受損，所以必須在陰涼的地方進行。自剪斷根部到植入田畝，中間若有閒置一段時間的話，用浸濕的報紙把根部捲起來較佳。然後，盡可能把剪斷的根絲朝四面八方擴張，植入已開好每株40～50㎝間隔的洞穴中。植苗完成後，把莖纏繞在支柱上，使它們保持穩定。因番茄的莖會逐漸變粗，盡量不要纏繞得太緊密，要預留能夠攀伸的空間。植苗結束後，要在根部位置注入充足的液態肥料。

根被剪斷的番茄也在5月爽朗的氣候下開始健壯的成長。如果是幾乎完全沒有養分的土壤，大約1星期到10天要給予1次比例的液態肥料。但是，我的菜園以及一般普遍的菜園，都有很多目前為止殘存的堆肥及有機肥料。番茄在最初生長時若吸收過多的肥料，會努力的變大而使葉片茂盛，但結果實的狀況卻會變差。因此，若一開始是肥沃土壤的話，當植苗結束後，最初的2、3星期不要再施加任何肥料似乎反而可以獲得較佳的結果。

之後，原則上1星期到10天左右給予1次比例的液態肥料即可。因田畝上鋪著多功能覆地塑膠墊，在株的根部開好孔穴的位置，每株約注入500㎖的液態肥料。為了在雨天也不被淋濕，所以搭上塑膠屋頂遮雨，讓土壤能夠保持乾燥狀態。用這樣的方式避免雨水浸入，僅使用液態肥料栽培是永田農法的理想狀態，但家庭菜園要全部搭起屋頂有執行上的難度。實際上，即使是會被雨水浸溼的位置，只要做成高畝提高排水能力，讓多餘的水分不會滲透進去而鋪上多功能覆地塑膠墊的話，就已經可以栽培出相當好吃的蔬菜了。即使是永田先生的菜園，也以露天的方式一年栽種約50種蔬菜，甚至還栽培出不只一種口味的作物呢！

⬆液肥朝根部注入500㎖。基本上大約1星期注入1次。

## 充塞滿滿的濃郁果汁液

前文已提及數次，在栽培番茄的時候，整體來說，能抑制多少肥料就盡量抑制。永田先生帶我去參觀了北海道的專業番茄溫室栽培。奈井江町的新田春雄先生，以及千歲市的田園俱樂部北海道，都靠著盡可能的減少液態肥料而栽培出高糖度的番茄。乍看之下，番茄似乎沒什麼精神，一副快要枯萎的樣子，但這就是我當初在濱松拿到的那顆味道濃郁的番茄的真實樣貌。他們兩方都是特別使用貧瘠的土壤或砂地來培育，但是家庭菜園原本土壤的肥料含量會比較多，因此特別需要一邊觀察成長狀況一邊控制液態肥料。總之，只要記住秘訣是不要讓它們長得太過於青翠健壯就可以了。關於這方面，若要換算成數量來證明有點困難，我完全是闡述過去的經驗值。

栽培番茄還有一個重點，是要把葉根部位冒出的「側芽」拔除。若使用剪刀剪斷的話，萬一不巧碰到一株帶有病源的，感染會從沾附在剪刀上的汁液開始擴散，所以要用手指摘除。只有這項步驟最少必須1星期進行1次。若遇梅雨季節的成長期，側芽會以令人驚恐的態勢冒出，這個時期必須3、4天拔除1次。如果放任側芽生長不管的話，它會取代結成果實的數量，且果實會變小，株本身也會得變脆弱。

去年和今年這2年，我用永田農法試著栽培番茄，果如永田先生所說，首先結出的青色果實會呈現細長線狀模樣。這似乎也是糖度提升的證據。

接著，當果實開始轉變為紅色時，果

實表面會生出細毛。那麼，用液態肥料栽培的番茄是什麼樣的味道呢？真期待收成的時刻。最受歡迎的番茄，是顏色微粉嫩的時刻就出貨會比已經全紅的番茄令人喜愛，因為可以期待它們到完熟狀態。雖是這麼說，但若是放置過久還是一樣會腐壞。最初，我不知不覺會早一點採收，但現在已經栽培了這麼多年，什麼樣的紅潤顏色、什麼時候可以採收，我已經可以一眼看出來了。

7月中旬的一個採收的早晨。我慎重地摘下，立刻咬一顆看看。「味道好濃！」最初的第一印象就是如此。之後，那股清甜的味道在舌尖緩慢的擴散，接著還出現微弱的酸味。然後感覺到如同夏季黎明般爽朗的強烈香氣。帶回家用菜刀切開一看，立刻就知道內餡相當密實，番茄的橫切面呈現出滿滿的果實汁液。

⬆銀色塑膠布能夠除去葉片的蚜蟲，黃色金盞花對除去根部的線蟲也很有效。番茄是開出第一朵黃色花的幼苗最佳。

⬇栽培最大要點，要拔除側芽。用手指摘除。

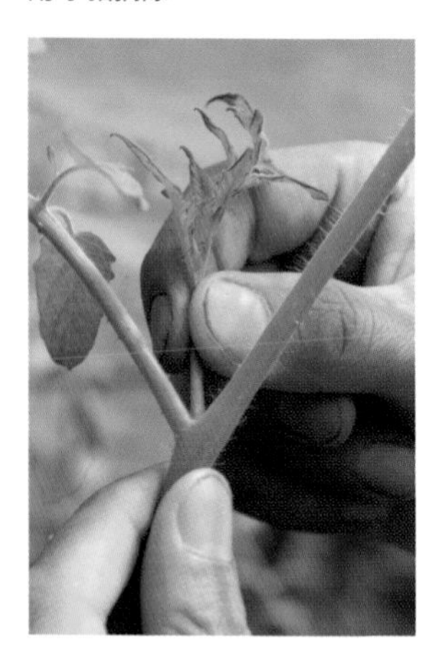

最近我買了糖度測試計，用來測試採收的蔬菜的糖度。今年夏季首先採收的番茄糖度為8度。剛好那時冰箱裡有從超市買回來的番茄，一測試，糖度是4度。實際上，我也很驚訝自己的舌頭能夠明確的感受到這中間4度的差異。在家庭菜園種植番茄的話，首先建議種植中型番茄。它們對疾病的抵抗力強，可結成串的果實，而且糖度容易提升。我在7月的尾聲所採收的，糖度達9度。品嚐這番茄的終極喜悅，實在遠超過搭建遮蔽的塑膠屋頂等等的辛勞。

我對於栽培美味番茄的探究還不僅於此。其實，先前提及北海道的專家所生產的番茄，糖度達10度以上，我做的番茄遠遠不及他們。不過，這也是必然的。他們經歷將近20多年持續的鑽研，在溫室中細心呵護所培育出來的番茄，跟我這種以興趣為出發點栽種的外行若是一樣的話，才真的是對他們太失禮了。往栽培高糖度番茄的道路，與它的味道相反，並不是那麼甜膩容易的事。辛勞和努力之外，要花費多少時間來體驗那些辛酸，大概那個時間的長度便會和栽培出來的糖度成正比吧！嗯，明年，我要再來嘗試栽種糖度更上一層的番茄！

⬅在家庭菜園中可種植各種品種。上圖為搭配醬汁加熱用的義大利番茄。下圖為味甜、產量豐富、對疾病抵抗力強的中型番茄。

# 小黃瓜

## 把現採的小黃瓜用米糠拌鹽醃漬風味佳

○學　名：Cucunis anguria L.
◎播種&植苗：4月～6月
●收成期：5月中旬～9月中旬

➡生長中的小黃瓜，表面上佈滿棘。在帶棘的狀態下品嚐的話，會有幾乎在吃完全不同食物的衝擊感。

小黃瓜和番茄與茄子並列為家庭菜園的夏季代表蔬菜，但因為它的成長速度快，能夠比較早感受到收成的喜悅。一旦你親自品嚐過自己親自栽種、採收的小黃瓜所呈現出來的口感和香氣，應該會感覺味道和外面購買的小黃瓜有天壤之別。我一邊感受那現採的新鮮小黃瓜特有的帶棘刺痛感，一邊撒上鹽巴，放進拌了鹽的米糠裡醃漬。若要問我為什麼，難道用米糠醃漬不正是小黃瓜最好吃的料理方式嗎？醃漬品也是非常注重食材的新鮮度，請一定要用液態肥料栽培的小黃瓜來嘗試醃漬看看。普通的小黃瓜糖度是3、4度，但永田農法栽培的可達5、6度。

5月的連續休假之前必須先準備好田畝。在高30㎝的高畝中撒上硅酸鈣及液態肥料，然後鋪上多功能覆地塑膠墊。和栽培番茄時一樣，植苗之前必須先搭建好支架，因為一旦枝蔓茂盛結出果實的話，必然會出現一定程度的重量，所以一定要把支架組裝牢固。每株之間大約間隔50㎝。我個人除了設置支架之外還會搭上小黃瓜網。如此一來枝蔓會自然的捲起，可以省去之後引導枝蔓攀附的時間。我在同一個田畝中分割出一半空間種植同樣會生枝蔓的四季豆，因此全部只需要鋪設1張小黃瓜網，小黃瓜和四季豆雙方就都可以自然的纏繞上去了。

## 收成期間延長，甜度也增加

以我的情況來說，栽種小黃瓜時，都是在連續休假前以直接播種栽培為原則。但是這樣處理的話，則距離採收還需要等待很長的時間，因此可在直接購買2、3株幼苗的前提下，僅撒下數株左右的種子即可。如此一來，最初可採收用幼苗栽種的小黃瓜，期間，用種子栽培的小黃瓜便會接力成為幼苗。跟番茄、茄子、青椒相比，小黃瓜因為成長速度快，相對的收穫期也變得比較短，因此可以利用當中的時間差進行栽種，能夠技巧性的延長採收時間。

如前文所述，直接購買的幼苗要先將附著的土壤洗乾淨，然後剪斷根部。連續休假期間，可能偶而會再度出現寒冷的天氣，因此在幼苗周圍用塑膠袋做成燈籠罩圈住它，對幼苗最初的成長較佳。尤其永田農法會把「根部剪斷」，這舉動多多少少會對植物產生壓力，所以一定要格外費心幫幼苗保溫。在植苗結束的同時，也進行播種作業。於同一位置撒入3、4粒種子，發芽後分成2次進行疏苗，以本葉2、3片為1株豎立。

液態肥料以1星期1次為原則。梅雨季節過後的盛夏，若土壤呈現極端乾燥的情況時，可隨時添加液態肥料。因為能收成到整株枯萎為止，所以液態肥料不需要停止，可以持續添加。在株的下方，大概到3節的位置會長出子蔓或雌花。由於子蔓會從附在母蔓葉片的根部位置一個一個的生

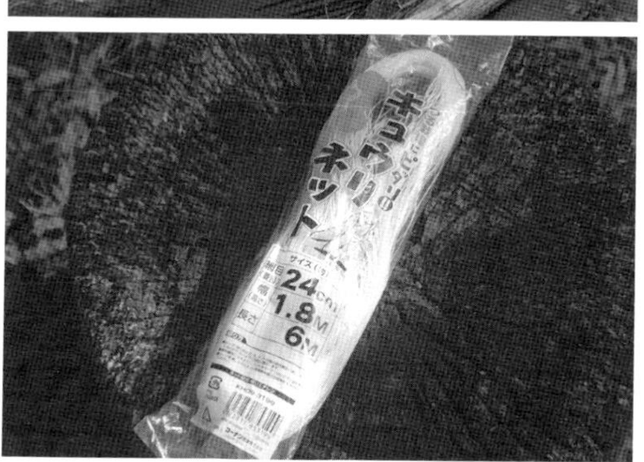


⬆茄子、小黃瓜、番茄等夏季蔬菜無法抵抗寒冷。5月種植幼苗的時候，利用燈籠罩保溫。上方相片為手製的塑膠袋燈籠罩。枝蔓茂盛的話，可使用小黃瓜網讓枝蔓攀附，相當方便。

長出來，比4節還高的部位，留下2片子蔓的葉片，摘除頂端的芽。在這個子蔓的第一葉的位置便會長出小黃瓜。接著，用永田農法栽培的話，不但收成期可以延長，也能明顯感到小黃瓜甜度的提升。

最盛時期，每天都有幾根小黃瓜成熟，根本就吃不完。一般上班族菜園的情況，實際上我也是其中一員，基本上幾乎都是利用週末進行農作，其它若能在星期三或星期四上班前的早晨簡單採收一下的話，大致上還能夠應付得了。但是假如小黃瓜成熟數量過多，以3、4天採收一次的比例來看，會因採收時間太慢而變成巨大黃瓜的情況屢見不鮮，因此去菜園的時候，要連極小的果實都要一併採收。一旦變成巨大黃瓜，不僅味道會變差，株本身也會變得脆弱。

小黃瓜也有各式各樣的品種，尤其在播種時混合各類品種的話，會呈現出另一種樂趣。不過，小黃瓜種子要進行品種改良的費用實在是高得驚人……。今年我栽種3個不同品種的小黃瓜，包括外皮佈滿棘的四葉系、幾乎完全沒有棘的新品種、以及只有中間部位有棘的類型。儘管它們各自有其獨特的風味，我還是最喜歡外皮佈滿棘的四葉系。因為它讓我感受到一股「夏季的青綠」香氣，而且味道濃郁，尤其感覺它非常適合搭配米糠拌鹽醃漬。這種小黃瓜因為棘相當多，很容易會損傷，所以市面上的評價不佳，也幾乎沒有販售。正因如此，才更需要自己栽種、好好品嚐。

附帶一提，小黃瓜是夏季蔬菜中比較起來稍微沒有那麼需要強烈陽光的植物。因此，在只能夠照到半天太陽的位置，或是陽台上都很容易種植。使用花盆栽培的話，如生菜篇中所介紹，利用「日向土」這種營養含量低的土壤種植，並1星期施加1次液態肥料即可。

⬆在雌花上已經生出2㎝左右的小黃瓜寶寶。一旦果實採收太慢，就會變成黃色，稱之為黃瓜。

# 青椒、辣椒

## 要注意成長初期的小蚜蟲

○青椒學名：Capsicum annuum L.
○辣椒學名：Capsicum frutescens

◎植苗期：5月～6月
●收成期：7月～10月

➡青椒和辣椒屬於相同類型的作物。雖然是相同類型，但不會辣的是上方相片的青椒。下方相片看似青椒，一咬入口，卻是極其辛辣的暴君Habanero。是世界第一酷辣！

我認為青椒與辣椒是屬於茄科的夏季蔬菜中比較容易栽種的作物。只要在生長初期多注意病毒媒介的小蚜蟲，跨越夏季接近秋天的時候，就能夠有一定程度的收穫量。因為它們的原產地是熱帶地區，甚至比茄子更喜愛高溫環境，算是最喜歡夏季的蔬菜。能結出甘甜果實的是青椒，辣到不用多說的則是辣椒，它們基本上屬於同種類型。若用永田農法栽培青椒的話，確實降低了青椒的青臭味和苦澀味。永田農法的熟手農家所栽種出來的青椒，真的是又甜又爽口，連小孩子都會開心的大口大口吃呢。

這兩種作物同樣是在連休期間植苗。如前文所述，在30㎝的高畝中散佈硅酸鈣和液態肥料，然後鋪上多功能覆地塑膠墊。接著把準備好的青椒及辣椒幼苗上附著的土壤沖洗乾淨，根部剪斷一半左右。然後蓋上塑膠燈籠罩或是市售的塑膠罩，用來保護幼苗在植苗後2星期間可不受寒冷威脅。這是因為這些蔬菜原本就是喜愛高溫的夏季蔬菜，加上幼苗在園藝店推出販售之前都是在溫室裡育苗的，突然帶它們到室外時，早晚的寒冷很容易對幼苗造成損傷。

至於每株的間距，青椒因為株會長得很大，必須要間隔50cm左右。比起青椒，辣椒類則大部份長得稍微小一點，約間隔40cm左右即可。不需要架設像番茄或小黃瓜那樣又高又堅韌的支架。最初，只需要豎立一根數十cm的木棒，把主枝纏繞在木棒上就可以了。之後，觀察分枝生長的情況，隨時增加支柱數量即可。株的數量較多時，可繫上堅固的繩子，把枝綁在上面也可以。只要稍不注意，便會在不知不覺間長出很多厚重的果實，我也曾經有因強風吹起導致連枝都一起折斷的經驗。

←夏季蔬菜的幼苗要用燈籠罩進行保溫。如相片所示，在四角位置裝設支架，也可以活用超級市場的塑膠袋。

從植苗開始1個月，要特別注意蚜蟲。一發現有蚜蟲出沒，就要立刻除去。若出現非常多蚜蟲，可使用含除蟲菊成分的殺蟲劑，或者使用黏糊澱粉成分的農藥使牠們窒息。因為蚜蟲是傳播病毒的媒介，是這種蔬菜最大的敵人。另外，當葉片變黃，開始有萎縮感覺，且成長狀態明顯緩慢的話，就是已經被感染的證據，必須要毫不遲疑的立刻拔除。因為一旦放任不管，就很可能會傳染到其他株。

接下來，要摘除從附著在下方葉片根部位置上長出的側芽，原則上，只要保留花朵最下方的2隻側芽即可。

⬆青椒也是，大小和甜味，顏色各有紅、黃、橙、紫等不同。相片為變為黃綠色的香蕉青椒。

另外，在最初的果實長到直徑2㎝左右之前摘除的話，會對之後果實成長很有助益。液態肥料則一直到收成為止都是以1星期添加1次為原則，但僅有青椒在夏季乾燥期間若逢土壤乾燥可隨時補充。因為青椒比辣椒喜歡潮濕的土壤，加上結出來的果實比較大，因此需要的肥料也比較多。

## 培育世界第一辣的辣椒

當我去訪問玉村豐男先生的農園「Viradesuto」時，玉村先生種植了各式品種的辣椒，讓我深感震撼。

我也是原本就非常喜歡辛辣的口味，但是依然對在玉村先生那邊品嚐到世界各類辣椒所呈現出味道的豐富感及深奧之處感到相當吃驚。也有各種形狀和顏色的外觀，實在非常可愛。今年，那裡也培育著幾種種類的辣椒。有世界第一辣之稱的「暴君Habanero（學名Capsicum Chinense）」、常用於墨西哥料理的「青綠辣椒」、玉村先生特別推薦的「紅辣椒」、還有日本自古以來的品種及伏見辣椒等。世界上，似乎還有非常非常多不同品種的辣椒。

話雖如此，為什麼人類會這麼喜歡吃辣的東西呢？似乎是因為辛辣的來源「辣椒素」會使人一邊喊著「好辣！好辣！」，一邊使身體產生一種特殊的快感吧。

⬆這是稱為「紅辣椒」的辣椒。據玉村先生表示，它是原產於南美法國領地幾內亞的卡宴（Cayenne）地方而得名。

⬆如果試著把辣椒聚集起來，不知不覺便會被它們的顏色搭配吸引。自然界是不是隱藏了各種多樣的顏料啊？

# 茄子

○學　名：Solanum melongena L.
◎植苗期：4月～6月
●收成期：6月～10月

## 整顆炭烤後呈現的清甜味和黏稠感真是絕配

➡用永田農法栽培的話，嗆鼻苦澀味會減少，可長出即使未烹調也可以咀嚼的茄子。隱約帶有蘋果香氣的清爽氣息。收成期長，能一直享受採收樂趣直到秋季尾聲。

平常並不太會出現「好想吃茄子喔」的這種欲望，但不知為什麼，每次夏天一到，我還是不自覺地就是會種幾株茄子。這也是因為我沒有忘記在永田先生那裡時，他拿出一個可以生食的茄子所帶給我極大的衝擊，因此我從去年便開始集中精神嘗試栽培茄子。和栽種青椒一樣，首先要先做出田畝，鋪上多功能覆地塑膠墊，然後把幼苗的根切掉一半，每株間隔設定在50㎝。支柱要配合分枝的擴張狀態架設，只要足夠就行了。幼苗在移植之後的2個星期間，一樣必須要用燈籠罩或是塑膠罩進行保溫。液態肥料以1星期1次為原則，一直持續到採收為止，但若逢盛夏土壤乾燥時，可3、4天施1次液態肥料。

最初長出的花，通常是開在株根部底下算起的第8片和第9片葉子的中間。留下這朵花下方最接近的位置所長出的2根側芽，然後摘除其它更下方位置長出的側芽。一定要特別注意是否有蚜蟲出沒，還有一個相當麻煩的東西是二十八星瓢蟲。這是在馬鈴薯篇中介紹過的害蟲。牠們因為最喜歡馬鈴薯，所以只要菜園中有種植馬鈴薯，幾乎都會先跑到馬鈴薯那邊去。不過，6月份馬鈴薯的收成一結束，菜園裡就沒有馬鈴薯了，牠們便會轉向飛到茄子、青椒、番茄上。雖然不至於造成瞬間式的毀滅型破壞等影響，但是一旦發現牠們，一定要立刻除去。當氣溫逐漸升高，茄子的果實也會越發膨大。尤其有趣的是，正覺得它們呈現「啊，土壤好乾燥啊，看起來好像很想要喝水補充營養啊。」的時候，只是稍微添加一點液態肥料，隔天，鼓~的一下，果實就變得好大好大。肥料真是立即見效。要記得隨時搭建支架，免得沉重的果實把分枝壓斷了。

➡非常圓的圓形茄子味道相當甜。我還想嘗試栽種長茄子、水茄子等各式品種。

## 切口處不會變成褐色!?

我也想嘗試用液態肥料來栽培茄子。這是因為在永田先生那裡拿到的茄子，即使縱向切成兩半，切口處也不會變成咖啡色，不但直接生食相當好吃，而且總覺得泛著一股甜甜的香氣。會使它們變成咖啡色的是茄子的苦澀成分，為了要把這種感覺去除，通常在料理前會用水噴灑或浸泡茄子。據說茄子裡含有致癌物質，俗話說「不要拿秋天的茄子給媳婦食用」，尤其是秋天茄子的苦澀成分比較多，據說食用的話可能會影響胎兒發育。實際切開用液態肥料栽種的茄子，在經過了20分鐘左右，雖然種子的周圍稍微變成淺淺的咖啡色，但其他部位完全沒有變色。當然，咀嚼未烹調過的茄子也完全沒有嗆鼻苦澀的感覺，反而隱約有種清甜的滋味。用這種方式栽培出來的茄子，建議可以整顆拿去烤來吃。用烤魚的網子，整個烤到表面呈現焦黃，一邊喊著「好燙！好燙！」，一邊把皮剝去，沾上生薑醬油食用。總之，它的清甜和黏稠感搭配得恰到好處，只要吃過一次就一定會上癮。

最近，人們雖然口裡講的是茄子，但已開始販售起各式品種的幼苗了。長茄子、像球一樣圓的圓形茄子、農作時伴隨著歌舞表演的大型米茄子、用於亞洲民族風味料理的綠色茄子、水分豐富的水茄子……。不論是哪一個品種，只要是用最低限度的液態肥料栽培的話，因為可以在未烹調時先咀嚼，一定可以品嚐到各個不同的獨特風味。

# 四季豆

## 天氣一轉涼，四季豆豆莢的甜味也會增加

○學　名：Pheaseolus vulgaris L.
◎播種期：4月～7月
●收成期：6月～10月

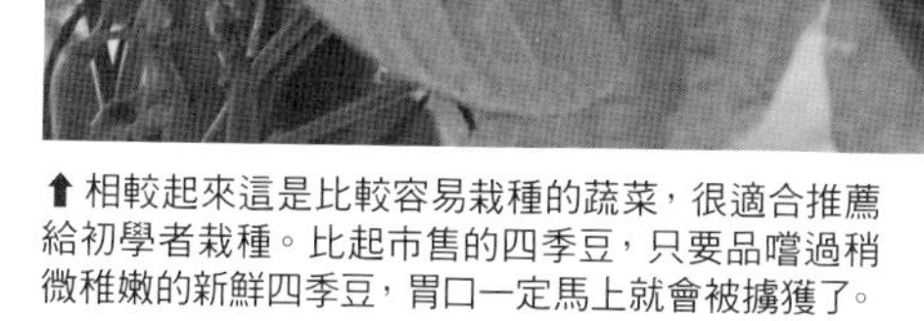

⬆相較起來這是比較容易栽種的蔬菜，很適合推薦給初學者栽種。比起市售的四季豆，只要品嚐過稍微稚嫩的新鮮四季豆，胃口一定馬上就會被擄獲了。

因為一個夏天中可以種植很多次四季豆，據說也因此被稱為三次豆。前文提過數次，豆類作物最重要的就是「新鮮度」，是一定要自己栽種，品嚐現採口感的蔬菜。大概15年前，我有生以來第一次自己栽種的蔬菜就是四季豆，我到現在也忘不了那時新鮮的香氣、甜味，以及充滿嚼勁的感動。

我最初的播種是在4月下旬。要做出30㎝的高畝。四季豆因為比較不耐酸性土壤，所以要徹底的撒上硅酸鈣。鋪上多功能覆地塑膠墊後，在塑膠墊上以每株間距30㎝挖開撒種用的孔穴。在同1位置撒上4、5粒種子。深度為2、3㎝。讓我感到不可思議的是，發芽的四季豆竟然不曾被鳥偷襲過。明明它們跟毛豆一樣豆苗會冒出地表上，到底是為什麼不會被偷襲呢？假如它們也有鳥害問題的話，可以跟毛豆一樣，利用鋪上線或網子來防範。

四季豆分成沒有枝蔓的和有枝蔓的2種種類。利用花盆或盆栽來栽培的話，可選擇較不佔空間的前者。在菜

園栽培的話，則推薦有枝蔓的後者。有枝蔓的四季豆，在搭起支柱部位的另一面，能夠長期連續收成，味道也感覺挺好吃的。在播種的時候就把支柱搭好較佳。如前文所述，我自己則是因為旁邊是栽種小黃瓜，所以在鋪小黃瓜網時連同四季豆一併鋪蓋上了，讓四季豆的枝蔓可以攀附在小黃瓜網上。

需特別注意的是支柱的高度。假如不經意搭建了高達2m以上的支柱，因四季豆在短時間內枝蔓會延伸，到時候果實會長到手搆不到的地方，我曾有因為這樣而吃足苦頭的經驗。若採收太慢整株四季豆會變得脆弱，雖然急急忙忙在中途就把莖切斷，到最後還是徒勞無功。農家的人即使用很長的支柱，在把支柱交叉搭建成X型的時候，會刻意把角度壓低，讓手可以碰觸到支柱最頂端的位置。

## 若使用液態肥料，連嫩豆莢也有強烈甜味

發芽、雙葉開啟之後，在1個位置進行疏苗成2束幼苗。接下來就只需要1星期1次液態肥料。我以前使用堆肥及有機肥料栽培的時候，幾乎可以預言蚜蟲必定會出現。那是因為吸收過多肥料導致氮含量過多而變得脆弱的吧！自從使用液態肥料後，到目前為止都沒有蚜蟲蟲害。而且即使4月中旬播種到9月都還可以採收，收穫期也似乎變得更長了。當白色花朵綻放，之後就會生出像火柴棒那樣的果實，不用多少時間就長成四季豆了。一般來說，比市售的四季豆稍微早一點採收，品嚐那稍微稚嫩的四季豆莢的話，那份甜味會特別強烈。尤其是自從用液態肥料栽培後，這種感覺格外明顯。

4月撒種之後，配合菜園的閒置狀況，5月、6月可以再一點一點撒入種子。最後播種是在7月下旬，收成是從9月開始。雖然比夏天的收穫量少，但隨著天氣轉涼，四季豆莢的甜味也會逐漸增加。我反而最喜歡品嚐這種「夏季尾聲」最後收成的四季豆了。

➡偶爾也把我們的目光轉向小小世界吧！清晰的白花散落後，長約1㎝的四季豆便生長出來了。

# 秋葵

## 連花朵都可以生食，而且還非常好吃呢

○學　名：Abelmoschus esculentus Moench
◎播種期：5月
●收成期：7月～10月上旬

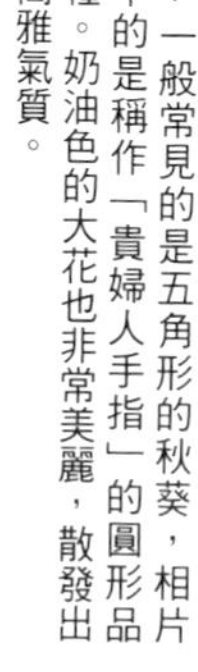

⬅一般常見的是五角形的秋葵，相片中的是稱作「貴婦人手指」的圓形品種。奶油色的大花也非常美麗，散發出高雅氣質。

秋葵也是我夏天菜園中必定會栽種的蔬菜。跟前文提及的蔬菜一樣，現採的秋葵即使是生的也非常好吃。既然要自己栽種的話，當然還是選一般市面上沒有出現的品種才有意思，所以我從以前開始就一直是種植紅色的秋葵。莖和果實是胭脂色的美麗秋葵，用滾水涮一下稍微燙過的話，瞬間就會變成深綠色。假如和普通的秋葵混合盛盤，漸層般的綠色會相當美麗。

秋葵一般的切口是五角形，但是訪問過濱松的永田先生的菜園後，也見識到了圓形秋葵的獨特魅力。據說這些都是稱為「貴婦人手指」的品種，即使果實稍微變大也不至於變硬，黏糊糊的非常的甜。只要仔細施加液態肥料的話，果實就會健康地一個個生長出來。我也從永田先生那裡分到一些種子帶回來栽種呢！

雖然似乎不是一樣的品種，不過，最近市面上似乎開始販售一種叫作沖繩「島秋葵」的品種和這個相當類似。

秋葵因為是一種喜好高溫的植物，即使在早春時節播種，也可能不會發芽，或是順利發芽了卻生長狀態不佳等等，需要多花心思注意。我是在種植夏季蔬菜幼苗結束後的連休隔週，於5月中旬進行播種。因為種子本身非常硬，用水浸泡過一晝夜再進行播種的話，會比較容易發芽。田畝做成30㎝的高畝，撒上硅酸鈣和液態肥料，鋪上多功能覆地塑膠墊。每株之間約間隔40㎝，1處約撒4粒種子，發芽後，長出本葉2片的部位，留下看起來狀況比較好的2小株。

⬅最喜歡夏天的秋葵，最初是緩慢的成長。然後配合夏天的步調，隨著天氣逐漸變熱，結出一個個的果實。

在此介紹栽種秋葵時常見的病蟲害重點。土壤中一種叫作根瘤線蟲的微生物非常喜歡秋葵，牠們多半寄生在秋葵的根部位置。當然，會使整株秋葵跟著變得脆弱。我的因應對策是在每株秋葵之間種植金盞花（參照P60番茄篇的相片）。據說金盞花會從根部分泌一種根瘤線蟲討厭的物質，可以利用這種方式把牠們擊退。實際上，種植金盞花之前，我有觀察一下秋葵的根部，那時可看到佈滿了線蟲製造的瘤的樣子，而現在瘤的數量已大幅減少了。因此我極力推薦這個方式。不過，花朵比較大的非洲金盞菊（又名「萬壽菊」）似乎沒有這種效果，一定要使用孔雀草（又名「法蘭西菊花」）才有效。

接下來是蚜蟲。尤其是發芽之後開始1個月左右，當芽還很小的時期要特別注意。秋葵初期的成長非常緩慢，長度10㎝左右的階段為期很長，在這個時期必須仔細觀察葉片的背面。幾乎有極高的機率會有蚜蟲貼附在葉片上。若是這種情況，葉片會顯得沒有生氣，總覺得像是要枯萎一樣，一旦漸漸熟悉之後，即使不用看葉片的背面也應該可以立刻判斷出哪些葉片的背面藏有蚜蟲。要立即把牠們都除掉。

一旦天氣變熱，秋葵便會充滿朝氣般的逐漸往天空伸展。如此一來，雖然幾乎也不會再有害蟲的問題，但是有時候會出現葉捲蟲。因為這種蟲會在葉片頂端位置像是葉片捲曲般捲起，應該可以立刻就分辨出來。若把捲起的部位打開，會看到中間藏有一隻綠色的幼蟲，需把牠除掉。若這種蟲能在一發現時就立刻除掉的話，基本上不致於造成多大的損害。

## 秋葵是木槿的同類

當花朵開始綻放之後，可能的話，盡量每3、4天就施加1次液態肥料。如此一來，花朵會越結越多，可採收的成熟果實也會逐日增加。秋葵似乎是多添加一些肥料反而對生長有益處的作物。而且，栽培秋葵時會令人愉悅的，還有它那奶油色的美麗花朵。如果直接稱秋葵是木槿的同類，應該就能很容易瞭解吧。這個花朵本身也可以直接生食。這份甜甜花蜜的味道，也增添了秋葵黏稠的口感，真可說是家庭菜園中奢侈的夏天絕品。

秋葵的花朵即使僅當作觀賞花也讓人百看不厭。我也非常喜歡豌豆的紅花。蔬菜的花朵若透過相機的攝影鏡頭觀看，比想像中美麗的照片不計其數。紫色馬鈴薯的花，或是白色的芝麻菜的花，都呈現出一種清晰立體的感覺。

不過，好像不曾見過芋頭或番薯的花，不知道是不是它們根本不會開花？

其次，雖然不是蔬菜的花，但是，在菜園中生長的雜草裡也有我所喜歡的花。我個人本來就比較不喜歡完全不生雜草的菜園，所以在不造成通風不佳或是不會遮蔽日光的前提下，我會稍微種一些雜草在菜園中。尤其菜園的其中一部分是斜坡，有雜草的話，即便是大雨也不至於使土壤輕易流失。

在那當中我最喜歡的花是阿拉伯婆婆納（參照P101相片『菜園及其周邊盛開的花朵』）。正好在早春時節，與其說早春不如說是冬季步入尾聲之時，它便用盛開的方式來告訴我們春天已來到，是比梅花還更早綻放的花朵。假如在菜園中發現了類似春天混濁青空般顏色的花朵的話，那就代表著春天終於要開始了。我每年都在心裡期盼著。

即使如此，這個時節還會結霜。我曾有過早晨站在菜園時，看到我的阿拉伯婆婆納的藍色花朵被白色的冰給封住的經驗。它這麼奮力的來告訴我們春天已來到，卻沒想到老天不作美又回歸成冬季的氣候，不過，這種無可奈何的淒美我也喜愛不已。

# 玉蜀黍

## 甜美的果實是和鳥獸征戰而來

○學　名：Zea mays var. rugosa
◎播種期：4月～6月
●收成期：7月～9月

⬅現摘的甜味真是不在話下。甚至散發出牛奶的清甜香氣。這對蟲、鳥、動物們來說，也是極具魅惑吸引力的。

現摘的玉蜀黍（俗稱玉米）才真是經營家庭菜園的看家本領。最近一直有越來越甜的改良品種面市，甚至已經出現可以直接生食的玉蜀黍了。更何況是用永田農法栽培，那種甜味實在是不常見。直接生咬一口，感覺就像是充滿牛奶香的味道一樣。宛如是在刨冰上加滿煉乳般的口感。

我大約會在4月中旬播下玉蜀黍的種子。因為一旦進入5月，便要開始進行夏季蔬菜幼苗的植苗作業，等於真正進入農忙時期，所以最好要求在農忙之前完成播種作業。因此，在3月當中就必須要把田畝準備好，也要先鋪上多功能覆地塑膠墊。不過，撒種時要用的洞穴不需要事先挖開，因為如果先挖開，就這樣放置到4月中旬的話，它每天接收春季的曝曬，多功能覆地塑膠墊當中的溫度也會逐漸上升。若是在要播種時才把塑膠墊上的洞穴挖開的話，當中的土壤便會呈現舒適的暖和溫度。這一點是關乎於玉蜀黍發不發芽的重要關鍵。每株間隔30㎝，在同1處撒下4、5粒種子，約覆蓋1cm土壤，然後注入充分的液態肥料。當天氣晴朗土壤乾燥時，必須再補充液態肥料。當呈現潮濕狀態時，盡量不要再添加肥料。因為玉蜀黍的種子比較不適應過度潮濕的環境，尤其4月份氣溫還很低的時候，可能會因此而腐爛掉。雖然只要特別注意這一點，不過有時候過了1星期都還沒發芽，這時候就必須小心的挖開來檢查看看。如果土壤中的種子有冒出白色的芽，便代表這一株沒有問題，假如種子腐爛掉的話，就必須立刻追加播下新的種子進去。

生長初期偶爾會有蚜蟲黏附在上面，引起一種稱為「苗枯萎」的病，它會使4、5cm的幼苗急速萎縮死亡。由於這種病幾乎不會到全面失控死亡的地步，只要把有損害的部份重新追加撒種就可以補救了。當高度長到10cm以上後，就不會有問題了。隨著氣溫逐漸上升，玉蜀黍也會日趨漸長。當高度達15cm左右後，便可以進行1處1株的疏苗作業。

另外也有直接購入幼苗種植的方式。在濱松的菜園，永田先生又再次把幼苗的根部剪斷後移植，讓我非常震驚。因為，很多園藝書籍上都記載著「由於玉蜀黍的根非常精緻，連移植都不太合適。」把那樣精緻的根就這麼簡單的剪了……，我當時真的認為那株玉蜀黍有八九成是結不出果實了吧。但是2個月後，那株玉蜀黍不負眾望的結出漂亮的果實，實在是令我大感意外。而且生長速度還比一般的玉蜀黍稍快些，當然，美味更是不在話下！

一到6月，從根部開始冒出側芽。稍微早期一些的園藝書大多提到要拔掉這種側芽，但最近的書籍反而卻主張要把這些側芽留下來比較好。我也決定不去拔除側芽，主要是因為它們沒有特別影響果實生長，而且若有強風來臨的話，似乎還可以使枝幹不輕易傾倒。只不過，假如果實長出了兩個的話，小的那個必須快一點摘下來。姑且把它當作玉蜀黍寶寶來使用，用熱水涮一下燙一燙，做成沙拉等料理來吃的話，也還是挺美味的。

液態肥料基本上以1星期1次為原則繼續添加下去。當雌花長出來之後，就停止供應液態肥料，之後以無肥料的方式培育即可。當玉蜀黍的根鬚呈現咖啡色，從外部觸摸可以明顯感受到果實的顆粒狀時，就是最適合採收的時期。早晨採收的玉蜀黍糖度最高，非常清甜。據說這是因為太陽升起的時候，玉蜀黍會釋放夜間所蘊藏的糖分。不管是什麼因素，玉蜀黍在採收後的幾小時內糖度就會降低，24小時後會降低一半，所以採收後盡可能快一點食用。今年不知道是不是因為使用液態肥料栽種，比我以前種植的更甜。用測試計來量測糖度，竟有高達16度的記錄。這些玉蜀黍不僅可以生吃，可以熬煮，當然拿來燒烤也一樣好吃。

接下來，就當作是離題篇，讓我聊聊我栽培美味玉蜀黍的奮鬥史。這些又甜又好吃的東西，也是鳥獸覬覦不已的美食呢！

幾年前，我那些即將要收成的玉蜀黍被烏鴉給攪和了。當我一到菜園，看到烏鴉成群飛起，大片的果實散落在地面上。牠們靈巧的從莖部啄下玉蜀黍，整齊的咬了好幾大口。現在回想起來，烏鴉根本就不是什麼可愛的動物。牠們大部分不是突然飛到菜園中的某個目的地，而是停在稍微有點距離的某處靜靜的觀察，然後再一點一點的靠近。所以，只要張開大網子把玉蜀黍周圍圈起來的話，應該就能先放心不少。但是，這個敵人也並非等閒之輩，牠們一旦下定決心非得吃到美味的玉蜀黍不可時，可能有時候也會突然從天上往下飛衝過來。話雖如此，在玉蜀黍上方只要先用網子或是綁上繩子的話，至少牠們就不會隨便飛進來了。

不過，隔年夏天。我明明已經在四周都佈滿了網子，卻還是全部都被吃光光了。而且，竟然是選在我估計最適合採收的那一天！一旦進入7月，玉蜀黍就會順利成長，玉米粒也變得飽滿有力。今年似乎也沒有烏鴉造成的損害，隨著這份喜悅，抱著嘗試的心理摘了1根品嚐看看。嗯，已經非常甜了，果實也相當飽滿。但是，若能再等3天的話，絕對會是更奢侈的最高級享受。或許就是因為我拗不過自己內心低喃的這股欲望。於是，3天後的早晨，在菜園中映入眼簾的光景我到現在都無法忘記。3天前看到的時候，那些幾乎跟我一般高且直聳排列著的玉蜀黍，總覺得整體數量變少又變得雜亂了，甚至我只是從遠處眺望就可以看出差異。我很緊張的往那邊走過去，一看，大部分的莖幾乎都倒了下來，玉蜀黍就像是被人類吃掉一樣，被咬得整齊又乾淨，只剩下玉米芯被丟在那裡。起先，我認為一定是人類搞的鬼。但是，就算再怎麼好吃，有誰會這樣生啃幾十根呢？仔細觀察四周，有動物的足跡殘留，還附帶一股鳥獸的臭味。一定是動物！這麼說來，大概1個月前，在附近的馬路上有獾被車子輾死。也有老婆婆說在菜園中看到咖啡色像貍貓的長型動物。看來八成是獾做的好事吧!?即使是這樣，這群傢伙也知道要等到全熟才來偷吃，也未免太……。糖度到達最高的時刻，人類雖然難以判斷，但是果然還是散發出很濃郁的氣味吧！這一年，我因栽種的玉蜀黍全毀而一邊流淚一邊思索明年的因應對策。

如果是烏鴉的話，就算網子上有縫隙，也會先自我警戒，不會輕易進入網內。但是獾則另當別論了。事件後的隔年，我架設了連一隻貓都很難進入的超嚴密網子。有了前一年慘痛的經驗，為了避免這次栽種的玉蜀黍又全軍覆沒，我甚至把播種時間分散，每次間隔10天，共分成3次。終於到了首次播種的果實即將可以採收的日子。我每天憂慮不已的來往菜園。4天後，哇~，那些長得整齊漂亮的玉蜀黍被搞得一團亂！又有一股不祥的預感。一定被誰搞鬼了！網子被咬破了一部份，感覺起來似乎是花了很大的力氣才好不容易咬出一個小洞的樣子，等到牠們好不容易侵入內部時，所幸已經是清晨了，只有2根玉蜀黍慘遭殘害。我隨後鋪設了雙層的網子，這樣一來，就算牠們極力地要咬破網子，也會因為過於困難而沒有時間完成吧。但是，沒想到這次的敵人似乎好吃的欲望無法擋。這次，牠們先咬破了外圍的網子，面對第2層網子，竟然直接在兩個網子間的地面上挖了個洞鑽過去！若是這樣的話，根本就不是成熟玉蜀黍的問題，我簡直是和具有人類智慧的野獸在戰鬥。至於要怎麼樣才能夠不因挖洞被偷襲，就當作明年的課題好了，現在還是先努力降低損失才是上策。

## 給野生動物們的入行規費？

到大型生活用品量販店（Home Center）買了可防止野貓入侵的芳香劑。是類似薄荷味道的果凍類型，把這些散佈在網子的四周，大概可以有3、4天的效果。但是，不知道是牠們立刻就習慣這味道，還是芳香劑的氣味變得淡了，菜園竟然又被入侵了。既然如此，除了直接威嚇牠們已別無他法！我買了很多鞭炮，在半夜1點或2點時在菜園中鳴放。蹦蹦蹦蹦蹦蹦蹦～！如此一來，鐵定怕得不敢再來了吧！可以的話，實在非常想在凌晨4點時再來放一次鞭炮，不過，這樣會因為睡眠不足而影響工作。結果，這個方式也只持續了3天，這次的敵人則是來自家裡。我太太抱怨說，「就算是菜園，大半夜的鳴放鞭炮，實在給鄰居們造成很大的困擾！」。我感到相當不好意思，非常抱歉。冷靜的仔細想想，這確實是十分荒謬的行為。

那麼，接下來的對策是……。我開始懷疑自己是不是太過於執著在防止不讓牠們「侵入」這個問題點上。當一條路走得不順時，不妨換個角度重新思考看看。對了！只要讓牠們就算潛進來也吃不到就行了！我腦海中冒出了這個妙計。於是，我把玉蜀黍的果實一個個用鐵絲網纏繞捆綁起來，這樣的話，就算牠們咬了，也只是牙齒痛得半死，一點也吃不到。應該不久之後，牠們就會認為「最近的玉蜀黍，雖然有美味的香氣，但是卻是牙齒咬不動硬梆梆的新品種」而打退堂鼓了吧！我對這次的計策充滿信心。

←「還有3天就可以收成了！」正當我這麼想著，沒想到激烈的奮戰已經開始了……。

可是萬萬沒想到，我細心謹慎的一個個用鐵絲網捆綁好的玉蜀黍，竟然還是被吃得一乾二淨。

從這個現象可以推斷出一個結果。把網子弄破潛入內部的也許是獾，但是能夠把鐵絲網剝開的必定是手指動作靈巧的果子狸。也就是說，有很多種動物都覬覦這些美味的玉蜀黍。

加上我從去年開始使用永田農法栽培，可預測栽種出來的糖度應該會比之前要高，因此更需要堅固的防護。於是，我跟租借隔壁菜園的朋友展開共同作業。首先，在玉蜀黍的周圍挖掘一道深30㎝的溝渠，在溝渠上排列

1塊榻榻米大小的塑膠板，接著再鋪上網子，最後還要把土壤撥弄回去。如此一來，就算牠們挖掘地面，也會有塑膠板阻擋，而且也不會像網子那樣三兩下就被弄破。只不過，要是太早搭建這個圍籬，會使通風和日照都變差，對玉蜀黍成長本身有負面的影響，必須在果實已經膨大成熟之後才能進行。

➡相片中央的藍色網子部分，就是鐵製的玉蜀黍圍籬。

　這個工程讓2個男人整整耗費半天才完成，如果連材料費也一併計算的話，這真是非常高成本的玉蜀黍。不過，用液態肥料栽種的玉蜀黍，果然還是別有一番風味，當然，這也可以想成是中間發生諸多激烈奮戰才好不容易嚐到的勝利果實。我已經做了這樣的萬全措施，沒想到最後牠們還是從塑膠板的接合處潛入，有數根玉蜀黍依舊慘遭毒手。這群敵人也是無論如何都無法抵擋那美味香氣的強烈誘惑吧。唉，只要不是全軍覆沒，少許幾根被吃掉也只好算了。畢竟這個菜園本來就是設置在牠們居住的森林裡。

　關於玉蜀黍，我還有一些其他的故事留待下次再提。倒是以為可以使用很多年而買的塑膠板，沒想到今年夏天又到了要搭建圍籬的時節時，我從菜園的角落裡把塑膠板拿出來一看，板子竟然一片片呈現剝落不堪的樣子。換句話說，它根本不具耐久性。無可奈何之下，只好到大型生活用品量販店重新買材料製作，這次買的是要塞進鋼筋牆壁中的鋼絲柵欄（wire fence）。

　然後……，這次的結果相當完美。今年夏天連1根玉蜀黍都沒有被偷吃。總算完成了我自製的玉蜀黍圍籬！但是，我所栽培的玉蜀黍1根所耗費的成本到底是多少錢？我害怕到不想也不敢計算。

　附帶一提，就在我歡欣鼓舞的這段期間，8月上旬，我的菜園裡首次出現了野生山豬，讓我栽種的芋頭、野芋都全軍覆沒了。唉呀呀呀呀……。嗯～，這也可以算是在森林裡設置菜園必須要付出的代價吧！

# 絲瓜

## 炒過之後的黏稠口感最美味

○學　名：Luffa cylindrical
◎播種期：4月～5月
●收成期：7月中旬～9月下旬

⬆這是永田先生從臺灣海峽的澎湖群島帶回來的食用絲瓜。和日本的絲瓜不同，它呈現的特殊十角形形狀相當有趣，非常具有獨特風味。

➡日本產的絲瓜是在白天時大朵的花兒綻放，但澎湖群島的絲瓜則是在晚上開花。它們受到月光洗禮所呈現出來的美，和熱帶的夜晚相當匹配。

我以前沒有在菜園中種過絲瓜，但是參觀了永田先生的菜園後，也開始嘗試在菜園裡種絲瓜了。倒是孩提時期，曾經在學校的花壇中取用絲瓜水，在庭園裡培育，製作過橢圓形的棕刷。雖然沖繩地區將它們視為食物，不過我自己倒是沒有吃過。在永田先生的菜園附近，有一家專門烹調永田蔬菜當作料理的餐館「潮」。在那邊品嚐到的絲瓜和一般的絲瓜略有不同，是一種十角形形狀的絲瓜。這是永田先生從臺灣海峽的澎湖群島帶回來的一種非常罕見的絲瓜品種。稚嫩的果實具有獨特的風味，把皮削掉炒過之後，那種黏稠的口感類似茄子般美味好吃。

我從永田先生那邊拿到一些幼苗，也在我自己的菜園中一角嘗試栽種。隨著天氣越來越熱，絲瓜的枝蔓以驚人的態勢伸展開來。這個絲瓜品種讓人格外感到有趣的，是它那些在夜晚所綻放的美麗花朵。這是在大白天絕對看不到的景象。傍晚，和著茅蜩的叫聲，絲瓜花逐漸綻放。夏天夜晚，那一整片被滿月照耀搖曳著的黃花，像是上了色的菜園，正進行著屬於我一個人的煙火大會。雖然這種十角形絲瓜的種子不易取得，不過，普通絲瓜的栽培方式也跟它們一樣。此外，普通的絲瓜則是白天綻放黃色的花朵。

使用30cm的高畝，1星期1次的液態肥料。假如是用液態肥料栽培的話，最後擷取的絲瓜水會略有差異。據說，由於未添加有機物質的肥料在內，絲瓜水本身的大腸桿菌會比較少。聽說拿來當作化妝水對肌膚也非常適合，而我在永田先生那邊拿到的絲瓜水，甚至可以直接飲用，呈現出一種溫和的口感。

⬆這是去掉外皮用烤肉架烤過的臺灣產十角絲瓜。因為食用的是還未完全成熟的果實，裡面的種子也又軟又甜，非常好吃。

# 羅勒

## 可利用花盆栽培在廚房，相當方便

○學　名：Ocimum basilicum L.
◎播種期：4月～5月
●收成期：7月～9月

⬅羅勒的綠色和番茄的紅色，猶如義大利國旗本身。在盆栽種植羅勒的話，可以當作是帶著清爽香氣的觀葉植物。

羅勒和番茄屬性十分契合，是義大利料理中不可或缺的香草。用永田農法栽培的話，其香味格外濃烈。這是我在濱松從永田先生那裡拿到很多羅勒搭新幹線時發生的事。那時我明明已經把羅勒確實密封好裝在塑膠袋裡了，但是我搭乘的新幹線車廂裡，卻還是瀰漫濃郁的羅勒香氣。

假如取用大量的羅勒，不僅可以做成青醬，也因為它相當柔軟，甚至可以代替紫蘇，非常適合和鰹魚的生魚片等搭配食用。所以一定要在菜園的某處栽種看看。

撒種可以選在4月到5月之間。先準備好花盆，在日向土或紅赤土的細砂礫上播種。由於它的種子非常的小，所以覆土時最好使用目土。

播種到發芽大約需要10天到2星期，由於所需時間較長，盡量不要讓土壤乾燥。發芽之後，以葉片不重疊為原則進行疏苗作業。雖然維持用花盆栽培也沒關係，但也可以在本葉長出後進行疏苗，把它們移植到其它的盆栽或是菜園中。由於羅勒是一種喜愛石灰岩地帶的植物，所以這時可以在它的根部撒上碎的蚌殼外殼，外殼本身的石灰能夠增添羅勒的香氣。用花盆直接栽種的，也幫它們添加蚌殼外殼吧。液態肥料似乎只需要1星期到10天灌溉1次就足夠了。若把頂端的芽摘除，側芽會陸陸續續的長出來，可以享受長期採收的樂趣。不過，由於長出花的話葉片反而會變硬，所以要記得把花朵摘除。

以羅勒為開頭，香草類的植物可以在廚房的窗戶邊或是陽台利用花盆栽種，真是非常方便。如果是從撒種開始種，因為種子大多數都很小，所以覆土時建議使用目土。近期，百里香、迷迭香、牛至、薄荷等各式各樣的香草幼苗也開始出現在園藝店了。種植這些香草的時候，和種一般的蔬菜相同，從育苗盆中把幼苗取出，把根部附著的土壤清洗乾淨。然後把根部剪去大約一半左右之後再移植。夏季期間由於土壤較乾燥必須每天澆水，但是液態肥料1星期1次就足夠了。不管是拿來當作料理的搭配，或單純作為餐點的點綴，亦或是享受香草茶等，只要一想到馬上就可以採收的花盆栽培法，實在是香草類植物最適合的栽種方式了。

⬉ 用液態肥料栽培的話，可以種植出鮮綠色的羅勒。由於它又柔軟又沒有苦味，很適合搭配沙拉食用。
⬅ 香草種植在花盆中最便利。買回來的幼苗和蔬菜一樣，要先把根部剪斷後才種植。

# 西瓜

○學　名：Citrullus lanatus var. citroides
◎植苗期：5月
●收成期：7月中旬～8月下旬

## 雖然種植過程很麻煩，但收成時的充實成就感卻是無可比擬的！

⬆種出了皮薄肉甜的大西瓜。隨著梅雨結束，可陸陸續續開始進行採收，面對這幾乎不可能吃完的大豐收，真的是又喜又憂慮。

我最喜歡西瓜了！如果能大口吃西瓜的話，那因乾渴而感覺像火燒一般的身體，也立刻如同被清流洗滌一般迅速得到安慰。西瓜剛推出的時候價格相當昂貴，我經常想著能夠盡情暢快的大吃西瓜。於是我從10年前開始挑戰種西瓜，大約在5年多前，我已經可以種植出引以為傲的西瓜了。雖然如此，依然有些課題尚未解決。其一，我種出的西瓜外皮比一般市售西瓜的外皮還厚，而且曾經有過到了8月盂蘭盆節前後時，枝蔓突然枯萎而無法採收最後果實的經歷。不過，自去年起我開始改用液態肥料種植西瓜後，這2個問題便順利解決了。不知道為什麼，西瓜外皮變得非常的薄，甚至還種植出比市售的外皮更薄的西瓜。而且它的外皮雖然薄卻不容易破裂，加上甜的部位也增加，我實在是太滿足了。由於枝蔓的攀附能力變得更好，因此8月的時候有大量的西瓜可以採收，甚至1株能夠收成數個大西瓜。

西瓜是一種種植過程相當繁複的作

物。首先，由於移植幼苗需在5月黃金週期間完成，所以移植的2星期前，也就是4月中旬過後就必須要製作好移植時要用的田畝。同樣的，使用高度30㎝的高畝較合適，也千萬別忘了要大範圍散佈硅酸鈣和液態肥料。種植西瓜時，在鋪好多功能覆地塑膠墊後，要再另外搭建像隧道那樣的塑膠棚。如此一來，在移植幼苗時，地面溫度可上升的幅度較大，就算只是用手觸摸，也可以感覺到土壤相當溫暖。

⬆在移植幼苗前要先把隧道型塑膠棚搭建好，以利地面溫度上升。用草蓆來代替鋪地用的稻草。

我以前在製作田畝的時候，會把堆肥或固體肥料當作元肥施灑在田畝裡，但是自從切換成永田農法後，就沒有再另外添加東西進去了。購買回來的幼苗，一樣先把土壤清洗乾淨，切斷根部一半左右後才移植入田畝中。因為多了這個動作，幼苗的根會比平常活得更長，雖然最初的4、5天幼苗會看起來虛弱萎靡，但是完全不需要擔心。它們跟青椒、茄子、番茄等，幾乎可以說是跟所有的蔬菜一樣，只要在新的根長出來後，馬上就會恢復精神了。每株間隔以1m為佳。液態肥料以1星期1次，在根部注入500㎖為原則。

如果把手伸進隧道塑膠棚裡面的話，可以感覺到內部有種空氣不流通的悶熱感，不過，似乎5月這樣的狀況反而是比較合適的。西瓜在溫室這樣的環境下，枝蔓可以迅速的伸展出去。假如感覺有點像蒸籠般悶熱的話，就幫它們開一些換氣的洞孔。坊間雖然有很多整枝的方式，但我自己是當主蔓長到5、6節之後就掐住頂端止住它。取而代之留下從主蔓側邊冒出來健康狀況較佳的3株子蔓。接下來，我基本上都採取放任態度。當隧道當中的枝蔓大量成長後，可稍微打開塑膠棚的下襬，讓枝蔓可以往外延伸出去。這時，不要讓枝蔓攀附在菜園的土壤上。因為一旦下雨，會有泥土彈上枝蔓，這些泥會牢牢黏在葉片上而使枝蔓的呼吸造成阻礙。另外，許多會使蔬菜生病的細菌也都躲在泥土當中，當然可能會因而增加感染機率。因此，自古以來農家在種植西瓜或南瓜的時候，都會用稻草鋪在下面。不過，普通的家庭菜園很難取得稻草。雖然有時候可以看到園藝店販售稻草，卻很意外發現稻草比想像中昂貴。若是鋪設在種茄子或番茄的枝幹底下倒還可以，但是像西瓜這種枝蔓會四處伸展需要大面積鋪設的話，鐵定會變成很可觀的金額。我跟附近的園藝店洽詢之後，他們建議拿來替代稻草作為鋪設使用的話，可以試試看用塑膠做成的草蓆，於是我立

⬆菜園當中有許多生物存在。只要有蔬菜就會有蟲覬覦，甚至蜘蛛、青蛙、蛇都會跟著來。

刻就回來嘗試鋪設了。事實上，這有個缺點。鋪地用的稻草有一個重要的任務是要抑制雜草生長，尤其假如長出了那種高度會變很高的禾本科（Gramineae）雜草的話，西瓜枝蔓會形成陰影，對西瓜相當不好。這個塑膠的鋪地稻草，雖然具有可以把泥濘彈開的效果，但是由於它的接縫粗大，雜草會從這些縫隙迅速的成長。西瓜的枝蔓不喜歡有人類踏入它們生長的區域，所以我也就不太愛頻繁的去那裡除雜草。當然，雖然說討厭，也還不至於會有惡犬狂吠，只是一旦有人進入，可能枝蔓會被踐踏或是葉片被碰觸到而翻轉過來，對於這些現象西瓜都不喜歡，可以算是非常講究的植物。基於這些理由，我對我家的貓之外，可能最花心思的就是西瓜了……。

那麼，如果塑膠的鋪地稻草行不通的話，該怎麼辦呢？　對了！菜園周圍的空地一到秋天便會長滿茂盛的芒草。我忽然靈機一動，想到可以把芒草割下來放到隔年再拿來當作鋪地稻草的代替品，這樣應該行得通吧!?剛好正逢中秋滿月之時，趕忙前去割芒草。我花了半天時間割了許多芒草，但是家裡沒有像農家那種收納用的小倉庫，保管場所成為一個問題。於是我到大型生活用品量販店買了那種賞花必備、施工用的藍色塑膠繩編成的地墊，用這個塑膠地墊把芒草包裹捆綁起來後，放置在菜園的角落半年。

就這樣等到半年後，當西瓜的枝蔓開始伸展蔓延時，我才把塑膠地墊包裹住的芒草打開來。不知道是不是因為雨水從縫隙裡滲透過去，芒草有一部分腐爛掉了，像蚰蜒這種奇怪的蟲也跟著冒了出來。但是，正當我心想「絕大多數都沒有問題」的這瞬間，有一隻1 m左右的蛇從裡面探出頭來。看到的這霎那我顫抖了一下，但是因為我馬上就知道那是日本錦蛇，反而感到相當高興。我從孩提時期就非常喜歡蛇。在我家菜園的周圍共住著日本錦蛇、蝮蛇、菜花蛇、赤棟蛇這4種蛇。去年我的倉庫裡有菜花蛇和日本錦蛇這2隻短暫的住在裡面，因此我盡可能安靜的讓牠們繼續留在裡頭。

## 利用人工授粉可以預測適合收成的時間

話雖如此，但用芒草當鋪地稻草的方式卻進行得相當順利。只不過收集芒草是個非常辛苦的勞動工作，不知道有沒有什麼其它的好方法？正當我煩惱不已之時，突然有個好東西出現在我眼前。堆積在榻榻米店家門外的大片草蓆，也就是那大量被拆開的老舊榻榻米。就是這個！若用這個的話，讓雨水浸透的那半面，不但不會有泥土彈上來，也不會生出雜草。我立刻走進店裡和店主商量，店主表示因為那些都是產業廢棄物，我想要多少都可以拿走。總算好不容易找到了這個辦法。即使是現在，每年4月中旬往返榻榻米店家已經變成我的例行公事了。為了我心愛的西瓜，也為了去除菜園中通路的雜草，我都會取回數十塊廢棄的榻榻米。

用這個方式不但不會太過麻煩，進行菜園工作的空檔若感覺很累的話，這些舊榻榻米還具有可以直接躺上去午睡等附加價值。這真的是讓人感覺非常舒適。缺點就是表面過於平滑，西瓜枝蔓捲曲的根鬚沒有可以攀附的著力點。如果是稻草的話，則是每個部位都可以攀附。用舊榻榻米草蓆的話，可以在山裡撿一些小樹枝適當的排列在上面，這樣可以讓枝蔓有能夠攀附的位置，可以增加枝蔓的穩定感，就算風吹，葉片也不會輕易被吹翻過來。接下來就是用完的草蓆的處置。如果原封不動堆放在菜園角落的話，會因腐朽而散落。雖然它們本來就是植物，讓它們就這樣回歸土壤也沒什麼不好，但是編織它們用的線是堅固的化學纖維製成，會殘存到最後。只好仔細的回收當作垃圾丟棄。

鋪地稻草的話題先到此為止，在種植西瓜時，還有一個重要的關鍵是人工授粉。一旦枝蔓開始伸展，便會開出黃色的花。最初幾乎都是雄花，但過沒多久之後，就會開出結著小鋼珠大小般迷你西瓜的雌花。我每年都伸長脖子期盼著它們開花，那朵被我發現的第一批雌花，就像是剛到男子學校任教的美女女教師般，讓我滿心歡喜。正好從這個時期開始，天氣的狀況變得怪異，也開始進入了梅雨季節。一旦天氣變差，會施粉給西瓜的蜜蜂等昆蟲便會減少活動，盡量早一點進行人工授粉會更容易結成果實。這是一種摘下雄花，把裡面的花粉放到雌花頂端的工程。用這個方式不但可以確實提高受粉機率，更可以藉此知道正確的受粉日，實在優點不少。為什麼這麼說呢，因為西瓜並不是很難判斷收成期的作物，只要知道受粉

⬆這是一種稱為Black Ball的黑皮品種。又甜又具有沙沙的嚼勁。正因如此，需要在烏鴉經常出沒的地方特別裝上網子防禦。

日，就可以推算出收成日了。番茄、小黃瓜、茄子等常見的蔬菜，可以從外觀的大小、形狀、顏色等變化來判斷「啊，現在是最適合收成的時刻！」。但西瓜就算外型變得很大，裡面的西瓜肉是已經成熟？還是已經過熟了呢？卻相當難判斷。雖然可以用大家早已熟知的方式來敲打西瓜尾端，聽看看聲音是否渾濁來分辨好壞（呈現渾濁聲音的西瓜較佳），但是這個方式對外行人而言還是非常困難。這時如果可以知道正確的受粉日，就可以直接推斷適合採收的時間了。雖然天候等狀況多多少少會影響收成時間，但大部分是受粉之後50天左右就可以採收了。只要把每一株的受粉日確實記錄妥當，便能夠估算合適的收成日。除上述方式外，我個人還會從以下的狀態來判斷可否採收。當西瓜結果的部位長出的捲曲根鬚變成褐色且呈現乾枯狀，以及西瓜底部花朵掉落的位置，也就是等同於西瓜肚臍眼的位置若冒出細長龜裂的青筋，我就會準備進行採收了。雖然這些方式幾乎可以正確判斷收成期，但有時候也會產生誤差。所以如果要送給別人的話，盡量把西瓜切成兩半，雖然外觀看起來會比較差一點，但因為不容易出錯，我會比較安心。我有時也會因西瓜過熟而感覺是不是太晚吃了，或是還沒熟而感覺如果再多忍耐一下多好，因此感到後悔不已。

在夏季蔬菜中，西瓜應該算是僅次於番茄最容易引發病害的蔬果了。尤其是會在葉片或果實上出現一種像黑色色斑的病斑而使西瓜枯萎的碳素病，這種病是西瓜的大敵。我會在6月上旬進入梅雨季之前先進行1次消毒。農藥相關的內容請容我在後文中再提，特別是西瓜，距離採收尚需時間。最近的農藥只要不弄錯使用方式，所含的毒性都很低。液態肥料以1星期1次左右為主，當採收過最大和次大的果實之後，便以無肥料的方式栽種即可。

像以前那樣在最初種植時就添加元肥的話，會因為太過營養，初期會長得過度茂盛，也就是雜枝雜蔓太多，反而影響了真正果實的生長。不過，當我改用永田農法種植之後，這個問題就解決了。加上改用液態肥料栽種，西瓜表皮也變得比較薄，就算是同樣大小的西瓜，可以食用的部份也比以往增加，非常有賺到了的感覺，食用後的廚餘和垃圾也因此減少了。不但甜度提高，平均1株還可以收成4、5顆大西瓜。我今年大概收成了30顆左右，分送給親友之後還有剩餘呢。西瓜所需要付出的心力雖然比較多，但是清晨在菜園將籃球那麼大的西瓜採收後，挑到肩上那瞬間的喜悅，簡直就像是釣魚時釣到幾呎大的岩魚那種雀躍心情。

⬆人工授粉的重點是要在早晨進行。當果實長成像乒乓球那樣的話，表示施粉已經成功。

# 南瓜

## 只要有場所，就算放任栽培也沒問題

○學　名：Cucurbita moschata Duchesne
◎植苗期：5月
●收成期：7月～9月

⬆南瓜以強勁的氣勢以幾乎覆蓋住西瓜枝蔓般伸展出去。這顆名叫「雪化妝」的南瓜，物如其名，外皮是全白的。

應該沒有其它蔬菜像南瓜這麼堅韌頑強了吧!?就算不怎麼照顧，幾乎採取放任態度，也能結出豐碩的果實。因此，我的感覺是，與其說「栽培」，不如說只是讓它們「隨意生長」，等到夏季尾聲的時候，便能夠採收果實了。

從日本舊有的品種到外來的西洋品種，因各式品種改良的演進，現在已有許多不同形狀、顏色、味道的南瓜了。栗南瓜、可放在手心上的迷你南瓜、雖然不能食用但光是觀賞也覺得美豔的玩具南瓜等。我今年則種了全白的南瓜。

### 1株當中甚至能採下10顆南瓜

移植幼苗也是選在5月的連休時期。同樣使用30㎝左右的高畝，然後鋪上多功能覆地塑膠墊。這邊的處理和其它的幼苗相同，先把根部剪掉一半再移植。這時，別忘了要用燈籠罩或是塑膠罩（hot cap）進行保溫。

在幾乎沒有添加肥料的地方大約1星

期施加1次液態肥料。但若是準備移植到肥沃菜園，則盡量不要施肥較好。在目前為止都有栽種蔬菜且有施肥的菜園的話，則自植苗之後到9月最後的收成為止，只要2星期添加1次液態肥料就足夠了。即使這樣，分枝還是會惱人的四處蔓延，因為甚至會侵入到隔壁的西瓜田，在中途必須要大量割除蔓延的分枝。割下來的枝蔓頂部拿來做成天婦羅也非常好吃，請一定要試試看。

⬆當空間不足時，就樹立支架，讓枝蔓往上攀爬。下方也可以照射到陽光，種出漂亮的果實。

➡這是一種叫作普契尼的迷你南瓜。乾爽口感相當好吃。顏色也美麗可愛，當作房間的裝飾品也很合適。

枝蔓往寬敞場所蔓延出去的南瓜，若栽種在像是市民菜園這種空間受到限制的地點的話，可以像搭建支架的小黃瓜一般，把枝蔓引誘到支架上。也就是說，不是讓它們朝橫向發展，而是往縱向延伸。

南瓜不需要進行人工授粉，總之就是採用放任態度，1株甚至可以採收數個到10個。當發現繫著果實和枝蔓稱作「果實元素」的粗莖出現裂縫，且軟木塞質地的淡褐色筋滲入當中的話，就代表是收成期了。

從梅雨季後半期開始，雖然老舊的葉片上會產生霜霉病，但新長出的健康葉子到感染之前不太會發生問題，所以即使放著不管也不會出問題。

晚夏，一邊聽著蟋蟀的叫聲，心裡一邊感到又過了一個我最喜愛的夏天，著手開始收拾南瓜枝蔓，可能又會在草叢的某處發現成熟的南瓜呢。

# 水蜜桃

## 託液態肥料的福，種植出完熟的水蜜桃

○學　名：Prunus persica L. Batsch
◎苗木移植期：冬季
●收成期：7月～8月

這是離題篇。大約13年前我購買現在住的這個屋子時，庭園裡種了一株水蜜桃樹。水蜜桃樹和栗子樹大概才經過3年，眨眼之間已成為了大樹，每年結出許多花，還生出果實。我立刻閱讀了果樹相關的書籍，學習栽培水蜜桃的方法。因為結出的果實過多，需要分成幾次摘下果實，然後最後用袋子裝好。因為它們也很容易引來害蟲，所以也必須進行消毒。但是，不管我花了多少心思照料，它們總是在幾乎長到乒乓球大小時就會掉落下來，這10年以來，我不曾採收過真正成熟結實的果實。

⬆我成功栽培出了味道不僅濃郁香味也很強烈的水蜜桃。而且獨角仙還成群前來呢。不論果實還是獨角仙都可以在自己的庭園中採收，真是一大奢侈享受。

如果用液態肥料來栽培的話呢？當我這麼一想，花開之後，我將施肥分成5月、6月、7月3次，充分的注入了液態肥料。結果，雖然不知道是不是這個因素，但是因為沒有其它任何栽種方式的變動，所以我猜想應該就是液態肥料這個原因，竟讓我能順利收成大量美味的水蜜桃。而且，不知道是否是因為我種的水蜜桃達到完熟程度，最近推出的高級白桃雖然甜的居多，我的水蜜桃跟高級白桃相比，也並沒有比較差。簡單來說，它不是單純只有甜味，還帶有某種程度的微酸，老實說，這麼好吃的水蜜桃我以前還沒有吃過呢！

如果今後有機會和場所，我打算要來種些果樹。永田先生也這麼跟我說。「諏訪先生，下次我來跟你說說栽種果樹的事吧！」不管是什麼樹，都要經常想像它3年後長成的樹型再來種植它，這說法感覺起來似乎挺深奧的。原本永田農法的起源就是從柑橘的液態肥料開始。真可說果樹也非常適用液態肥料呢！

# 櫛瓜

## 葉面也要施加液態肥料

○學　名：Cucurbita pepo melopepo
◎植苗期：5月
●收成期：7月～9月

⬆一般常見的櫛瓜是類似小黃瓜那種細長的外型。這是像棒球那樣圓形的品種，最適合和填塞絞肉末的料理搭配。顏色也有綠色和黃色2種類型。

➡雖然外觀看似飽滿又健康的蔬菜，但卻意外對雨的抵抗力很弱。只要溼度一提高，立刻會從花凋零的位置開始受損，需要格外注意。

我孩提時期連聽都沒聽過的櫛瓜（俗稱「美洲南瓜」）其實也是南瓜的一種。它是玉村豐男先生位於長野的農園當中，其中一個極具特色的作物。當我7月底前去進行訪問的時候，那些色澤豔麗的櫛瓜，都是在清晨和傍晚時分進行採收的。它們似乎是比較適合在稍微涼爽的氣候環境下生長的蔬菜。我雖然也是從幾年前開始嘗試栽種，但是每次只要遇到梅雨季，果實總是很容易就腐爛了，老是沒辦法順利栽種出漂亮的果實。自從我改用液態肥料栽種之後，雖然不知道是不是這個因素，總算讓我順利種出飽滿漂亮的果實了。它們跟南瓜不一樣，是需要定期施肥的作物，所以必須1星期注入1次液態肥料。若逢夏季炎熱土壤乾燥時，則2、3天就施肥1次為佳。想要陸續採收稚嫩果實的話，注入多一點液態肥料似乎比較好。

移植幼苗必須選在5月的連休。要製作和番茄或茄子相同的高畝，以及鋪上多功能覆地塑膠墊。由於櫛瓜會長得非常碩大，所以每株需要間隔1m左右。為了防止果實腐壞，必須盡量讓它們保持通風。

把根部剪斷後移植，並使用燈籠罩保溫。之後約1星期1次液態肥料即可。櫛瓜有一點需要特別注意的，是除了根部要施肥之外，葉片部分也需要添加液態肥料，也就是施肥面積必須要涵蓋葉面全部。因為這是在夏天種植的蔬菜，所以添加液態肥料一定要選在早晨或傍晚。

## 在夏季結束時進行第2次的收成

今年我打算種些稍微不一樣的櫛瓜，於是透過網際網路訂購了義大利的種子。我取得的不是綠色小黃瓜那種類型，而是黃色和綠色2種類型的圓形櫛瓜。撒種方式和移植幼苗相同，都是要先製作田畝，然後直接把種子撒在田畝裡面。接下來，在播種的位置上同樣要搭建燈籠罩進行保溫。很快的，堅固的嫩芽就冒出頭了。由於1處同時撒了3粒種子，需慢慢進行疏苗工程，把本葉2片的移成1株。

櫛瓜會以驚人的態勢迅速成長，接著綻放出橘黃色美麗的花朵。雖然剛開始只有雄花，但是不久之後花的根部便會長出帶有果實的雌花。即使不進行人工授粉也沒有關係。不過，當花即將凋謝時，溼度一旦提高，花瓣就會容易腐爛，可能也會傷及果實。必須盡可能仔細的把已近凋零的花摘除。當梅雨季結束，天氣也變得更加炎熱時，收成也就先暫時停止。隨著夏季進入尾聲，雌花會再次出現，這時又可以享受第2次收成的樂趣。

利用液態肥料栽培的櫛瓜因為有特殊甜味，不管是做成天婦羅還是快炒搭配義大利通心粉都很合適。在南青山的義大利料理餐廳「Cucina Tokionese Cozima」工作的員工們曾一起去拜訪過濱松的永田農場，這家店幾乎可說是專門進行蔬菜研究的餐廳。當然，他們使用蔬菜的菜單也非常特別。廚師小嶋正明先生告訴我，在櫛瓜的花中填入鯷魚的油炸物，才真是料理中的絕品呢。

# 毛豆

## 用提早播種來進行栽培，對果實的生長極有益處

○學　名：Glycine max (L.) Merr.
◎播種期：3月中旬～6月
●收成期：6月下旬～9月

⬆家庭菜園的其中一個樂趣，就是可以品嚐現採蔬菜的滋味。若是這樣，無論如何都一定要栽種毛豆。

我非常愛吃毛豆。這種和啤酒最搭配的下酒菜，幾乎是所有人的最愛。一定要嚐嚐看現採的超甜毛豆滋味。自從我開始有這種想法後，便努力鑽研毛豆的栽種方式，希望可以開發出我自家的獨門口味。幾乎大多數展開家庭菜園的人都會選擇種毛豆。雖然乍看之下好像是很容易栽種的作物，實際上，要能夠收成這麼多美味的毛豆，實在是挺困難的。開花期如果落在梅雨結束後的高溫乾燥期，可能豆莢會變為空莢，或裡面的果實本身無法膨大起來，而且害蟲容易附著在上面。為了避免這些現象，必須要提早播種，讓它們能夠在梅雨期間就進入開花期，對果實生長較好。雖然這個栽培法比較麻煩，但是為了又甜又好吃的毛豆，付出這些勞力也在所不惜。

播種必須在3月中旬進行。由於我栽種的數量非常多，每次都會種黑豆、茶豆、普通的黃豆這3種，可以盡情享用它們各自不同的風味。據說新潟某些居酒屋會準備很多種類的毛

豆，讓顧客能依照自己的喜好來指定烹調用的品種。毛豆本身也有很深的奧秘，一定要嘗試自己栽種幾個不同品種，來感受它們之間微妙差異的樂趣。品種不同的話，收成期也會錯開，這一特點實在是幫了我大忙呢。

製作好田畝後就撒上硅酸鈣，然後鋪上多功能覆地塑膠墊。3月的氣溫對夏季蔬菜來說還尚嫌寒冷，所以可採取和西瓜一樣的對策，額外再架設隧道型塑膠棚。在同1處可撒入4、5粒種子，每株間隔為40～50cm。由於隧道型塑膠棚當中的溫度猶如溫室，因此約1星期就會發芽。當本葉生長到2、3片後就可進行疏苗工程，以1處樹立2枝為原則。雖然在隧道型塑膠棚當中撒種基本上應該不會有什麼問題，但若是直接在未搭建防護棚的菜園裡撒種的話，絕大多數都會被鳥類吃掉。

毛豆的豆子會從土壤底下冒出地面，然後分裂成雙葉。它冒出地面的時候，也就是呈現豆芽菜的狀態時，幾乎一被鳥類發現就會被吃掉。因此，在播種之後鋪設網子，或是豎立約30cm高的棒子來綁繩子等，都是個防護的好方法。

發芽後，以10天1次左右的頻率施加液態肥料。4月中旬之後，因氣溫逐漸上升，為了避免過度悶熱，必須在隧道型塑膠棚裡每隔1m開一個10cm左右的洞來換氣。除此之外沒有其它需要特別麻煩的地方。不過，到5月中旬後，氣溫會正式大幅提高，這時必須拆掉隧道型塑膠棚，轉而披上防蟲網子。大豆很容易有小蟲附著。例如，就算我在菜園裡一直抓到小隻褐色的椿象，還是會看到其它椿象附著在大豆上。雖然牠們不至於使植物枯萎，卻會有種椿象特有的討厭臭味沾附在豆子上，收成數量也會降低。如果有披上防蟲網，就可以不用操心了。雖然不怎麼顯眼，但是在小白花綻放的時候，也正好到了梅雨季節了。花開後，準備開始要結果實時，由於會很需要水分，梅雨正好幫了大忙。當能夠看見小豆莢之後，也可以停止灌溉液態肥料了。以下也是永田先生告訴我的一個小技巧。如果開花期是在梅雨結束後的乾燥期，可以用噴霧器在花朵上噴水，據說這樣能使果實生長得很好。

撒上食鹽在現採的毛豆上，然後搓揉它們去除外殼的毛，接著放入水中煮。把它們放進塑膠濾水盆中，再次撒上少許食鹽，接著放著讓它們冷卻。倒一杯啤酒，嗯～，從3月開始的辛勞也跟著一飛而散了。

⬆即使是在早春播種，依然被隧道型塑膠棚以初夏般的溫暖度壟罩，迅速的生長著。

第五章

# 探究永田農法的根本

## 供應水分要少一點？還是多一點？

說到永田農法的特色，簡單來說，就是透過「極力抑制水分及肥料，藉以激發蔬菜本身的原始生長力」，也有人稱這樣的方式為「斷食農法」。如本書在前文裡所提，我們在北海道專門培育番茄的溫室裡，看到的番茄並不是想像中那樣水潤有光澤，反而看起來像即將要枯萎的樣子。若和一般栽培法相比，永田農法算在控制水分上相當嚴格。這是因為讓它們感覺乾渴的話，它們會開始變得有點乾燥枯萎，若能在這之後才施加液態肥料，據說能使它們吸收肥料的效果增加。說到原本就很需要灌注水分的溫室栽培，用永田農法栽種的話，所灌注的水總量，確實比一般農法少很多。

那麼，家庭菜園的狀況又是如何？若先講結論的話，我認為這方面它比一般栽培法需要灌注更多的水分。切換成永田農法的我對於其中的差異感受特別明顯。例如，目前為止只有在特定的某些時刻需要在菜園裡澆水，像是播種時，或是幼苗移植時。其它時刻基本上用雨水灌溉就行了。沒有種過蔬菜的人經常會問我「灑水應該是個很辛苦的工作吧」，但是這跟種在花盆或盆栽不一樣，種在菜園時，由於根部能深入地底，就算是非常少的水分也可以吸收到，因此幾乎沒有額外灑水的必要。

梅雨結束的炎熱夏季裡，菜園的土壤被日曬得發燙又乾燥，宛如灼熱的沙漠。即使是在這樣的時刻，小黃瓜、番茄、西瓜的果實依然能結實的生長。咬一口，果實的汁液大量湧出，我每次都對於這些水分到底是打哪來的感到相當不可思議。蔬菜本身比我們想像中更堅強，能夠自行吸取從地底下聚集的水分。

正因為如此，在菜園中種菜幾乎不需要個別進行灑水。不過，使用永田農法的話，約1星期到10天之間需施加一次液態肥料。這也等同於一併給蔬菜添加了水分。例如，對小黃瓜、茄子、蠶豆、蘆筍等蔬菜，約每1株灌溉500㎖的水（稀釋過的液態肥料），且需要每週進行。

## 如何確保水分，是家庭菜園的大難題

家庭菜園的難題，是水分該透過什麼方式

➡永田農法的特性是定期注入液態肥料。因為作法單純，對初學者來說也很容易。液肥當中只要含有氮、磷酸、鉀這3要素即可。

確實保存。菜園中若有自來水、水井、或泉水的話，就沒有這個問題。但是大部分的菜園沒有自來水，包括我租借的菜園也是。如果是平均2、3坪大小的市民菜園規模，可以用水桶收集雨水，依所需狀況利用大型汽油桶搬運，應該可以應付必要時的給水問題。但是，像我這樣擁有幾近一面網球場般大的菜園，用水桶集水的方式沒辦法完全處理給水問題。就算用汽油桶搬運水，也必須來回好幾趟才夠。

因此我想到可以利用洗澡的浴缸來儲存雨水。起先，我是將大型的水桶或裝衣物的老舊塑膠收納箱放在菜園的角落，但是這樣依然無法完善的處理給水問題。幸運的是，有店家將廢棄的浴缸轉讓給我，現在我在菜園中放置了4個浴缸集水。梅雨季節、颱風、秋雨季節等時刻，這幾個浴缸都能達到滿水位。因此水的問題幾乎解決了。但是，3月到5月是農作最繁忙的巔峰期，而10月到11月的秋、冬蔬菜成長期，都正好碰到雨水比較少的時節，這時浴缸內的水量也經常不足。這段期間無論如何都很需要把水搬運到浴缸中，我經常推著單輪推車每天往返菜園。我現在的菜園雖然每個都離住家很近，卻還是分成3個不同的地點，當中甚至有1個是在斜面上。運水到這個菜園時，我都是靠摩托車幫忙運送的。

## 為什麼要用液態肥料呢？

簡而言之，只要能順利確保水的來處，我認為用永田農法種植蔬菜會比一般農法更加容易。因為不需要製作堆肥，而且肥料只是單純的液體而已。那麼，究竟為什麼永田農法要使用液態肥料呢？

首先，最近的研究報告指出，植物所需要

的營養成分約17種，當中尤其重要的是被稱為3大營養元素的氮、磷酸，和鉀。氮可以使葉片茂盛、莖部肥大。磷酸能夠使植物開花結果。而鉀可以幫助根部和莖部更強韌，增加抵禦病害的能力。把液態肥料直接淋在植物身上，對植物來說，具有容易吸收養分這項優點。蔬菜是從根部同時吸收養分和水分。若是使用固態肥料或堆肥的話，則是透過水分或天然雨水灌溉，必須等養分從肥料中溶解出來後，植物才能吸收到。因此，我以前使用固態肥料或堆肥的時候，也經常會因為「聽說明天會下雨」而特地去菜園施肥。雨水落在肥料上，養分緩慢的溶解後滲入地底下的模樣，我總覺得能生動的在腦海中浮現出來。不過，如果這個營養成分從一開始就已經溶解在水中的話，不就能更早被吸收了嗎。這就很像我們吃藥的時候，打點滴會比吞膠囊藥丸更能立刻見效一樣。

事實上，所謂吸收效率佳、可立即見效，在某種程度上也代表能夠計算植物所需的肥料量，可以避免過度施肥。實際上，不必在菜園中施加超出植物需求的肥料。已經有許多關於這方面的研究結果出爐了。我查詢過番茄、茄子、青椒、小黃瓜，以平均來說，若使用液態肥料的話，只需要少許的施肥量就足夠了，大約是一般栽培法的7成即可。其次，令人玩味的是，用液態肥料的收成量反而增加了2成（參考文獻『養液土耕栽培的理論及實務』誠文堂新光社）。同時，研究結果中也指出，如果使用的是固態肥料，很容易會在菜園中投入過度肥料。

實際上，目前日本菜園中最大的問題就是殘留肥料導致過度營養化。這是因為一般大眾普遍具有「給越多肥料可以栽培出越好蔬菜」的錯誤觀念，才導致投入這麼大量的肥料。但是這裡有個很嚴重的問題，大多數的蔬菜都只有吸收到一半投入的肥料而已，尤其是只吸取到數%以下的磷酸。因此，土壤中逐漸殘留了氮、磷酸、鉀。最後，並不只是在栽種蔬菜時會發生阻害，湖或海的過度營養化也是造成環境污染的原因。現在，日本的菜園也非常需要進行「減肥」。

## 有機栽培、有機風潮的陷阱

永田農法所使用的液態肥料是化學肥料。但是，社會上主要推崇使用有機肥料、有機栽培。而且，提出應重視有機肥料這個論點的，不僅來自於「科學方面的研究成果」，甚至也有部分學者從「對於家畜糞尿處理感到困擾的國家政策」中指出一些需留意的課題。戰後，日本人也如歐美一般，開始喜歡食用動物性的肉類、蛋類或乳製品。以北海道為代表，其畜牧業就是從那時候開始盛行。人類的糞尿經過下水道時會進行處理，但是每天產生的大量家畜糞尿又該怎麼處置呢？因為當我們恣意的享用那些喜愛的肉類或乳製品時，家畜們也同時產生大量的糞便。剛好那個時期社會上經常討論化學肥料造成的弊害。事實上，並不是化學肥料本身

## 菜園及其周邊盛開的花朵

❶ 在梅雨的雜木林中悄悄綻放的野茉莉。❷「春菊」花如其名，是在春天盛開的花。❸ 小松菜的花也隨著春風搖曳。❹ 合歡樹的花一開，就表示夏天到了。由於夜晚時葉片也閉合著，故稱為「Nemunoki」(即「睡著的樹」)。❺ 香味豐富的佛手柑。在紅茶裡加一點佛手柑就成了經典伯爵茶(Earl grey classis tea)。有紅色及紫色的花。❻ 牛至是義大利料理中不可或缺的香料。❼ 宣告冬季即將結束的我最喜愛的阿拉伯婆婆納的花朵。❽ 葉片有多樣形狀及顏色的百里香。❾ 芝麻風味，可用於沙拉的超人氣芝麻菜。

有問題，而是使用的量造成問題，我總覺得大家似乎忽視了真正問題的核心。於是，在這樣的背景下，大量多餘的家畜糞尿便被視為有機肥料的素材而廣泛被使用。

但是，用家畜糞便製造出來的有機肥料本身也有很大的問題。例如，牛糞或雞糞真的安全嗎？無論是乳牛還是飼料雞，為了要使牠們能大量供應出牛乳和雞蛋，有很多家畜因此被施打了荷爾蒙劑。在狹小的養育環境中，為了讓牠們不生病，施打抗生素也是必要的。因此可以合理推測牠們的糞尿當中也會殘留這些物質。

另外，把雞糞或牛糞和落葉混合做成堆肥時，必然會引起細菌造成的發酵。若把手放入積蓄的堆肥中，感覺到堆肥呈現發熱的那個狀態就是細菌發酵。其實，這個時候發酵中的堆肥會釋放出大量的沼氣。沼氣是造成地球暖化主要因素的氣體，其溫室效果是二氧化碳的17倍。當然，只是製作堆肥並不是暖化的主要原因，而永田農法也並非全盤否定有機肥料。製作有機肥料及堆肥的首要條件，是要清楚知道有機肥料的素材本身是使用安全的家畜糞尿，以及能夠明確瞭解牠們是在怎樣的環境下被飼養。其次，在封閉環境中收集發酵過程裡產生的沼氣，例如，作為炊事或浴室焚燒時的煤氣來使用的話，由於沼氣會轉變為二氧化碳，溫暖化的影響也變得比較少，這個實驗也在濱松的永田農法研究所進行中。

## 化學肥料和有機肥料的差異為何？

植物所需的3大營養要素「氮、磷酸、鉀」已於前文說明。雖然還需要其它的鈣或離子等元素，無論是哪一種，都是植物在吸收這些元素時，各個元素自身轉換為離子，從根部初次被吸收。若用極端的方式陳述，化學肥料的液態肥料、固態肥料，以及牛糞或雞糞等製造成的有機肥料，不管是哪一種，最後植物吸收都是在無機物離子分解後。

經常聽到有人把化學肥料比喻成西藥，有機肥料比喻成中藥，但是我認為這種比喻會產生些許誤解。像人類這樣的動物，是透過嘴巴吃藥，藥物中所含的各種成分都一併吞進身體裡了。但是，植物不可能把牛糞或雞糞直接吞入體內。用簡單的方式說明，例如，當我們想要攝取鈣質，可以透過吃魚以及現今流行的營養補品來獲取。吃魚的情況下，除了能攝取鈣質外，同時也能攝取到各種蛋白質、脂肪及維他命。事實上，很多人腦海中也會出現蔬菜一灌溉有機肥料就能同時吸收各種營養成分的想像圖。這當中有個極大的誤解。其實我也是直到2年前，也就是我結識永田農法之前，我一直是有機栽培的信奉者。比起白色顆粒的化學肥料，我以前總覺得雞糞或牛糞更能夠聚集多種營養成分，以為能藉此栽種出美味的蔬菜。老實說，那些都是幻想。我再重申一次，植物頂多是在氮、磷酸、鉀都被離子分解後才開始吸收的。

那麼，有機肥料的優點究竟為何？其一，它可以改變土壤本身的構造。透過土壤中的有機物質增加，細菌這類的微生物也會增加，牠們具有使蔬菜根部活力提升的效果。此外，由於蚯蚓等小動物增加，牠們在土壤中活動時，具有提升土壤通氣性及儲水性的優點。也就是說，並非是被植物吸收的營養成分有差異，似乎反而是土壤改良的意義更大。

那麼，化學肥料是怎麼做成的呢？「化學」這個詞，總覺得讓人感覺是某個工廠製造出對身體有危害的某種產品。社會上幾乎一面倒認為「化學有害身體」。這也是一個誤解，例如，氮、磷酸、鉀等元素，無法由人類合成。

沒錯，所謂元素，是人類無法製造出來的東西，是宇宙自始便存在的物質的最小單位。這些元素的聚集，竟然也能由人類製造出來，若要說驚奇，也的確是太不可思議了……。若非要想出個所以然的話，我可能會因此失眠，還是就此作罷吧。簡而言之，所謂化學肥料，就是「從自然界蘊藏的物質中，利用化學方法抽取必要元素所製造出來的肥料」。

例如，由於氮大量存在於空氣中，可利用化學方式使之固態化。而磷酸可從磷礦石、鉀可從鉀礦石，它們當中任一項都可以透過天然礦物抽取出來。若簡單說明的話，所謂化學肥料，可從自然界裡蘊藏氮或磷酸等營養元素的物質中，利用化學方法，人為取出植物所需要的特殊部分。另一方面，將雞糞等物質做成有機肥料直接灌溉時，會透過細菌等媒介緩慢的分解而變成元素。簡單來說，兩者差異在於是透過化學分解？還是透過微生物分解？無論是哪一種分解方式，這裡所要澄清的，是一直以來被誤認「化學肥

⬅冬季時查看堆肥放置處，可看到佈滿了成群的甲蟲幼蟲。這對於在東京都市區內成長的我來說，是我少年時期極其嚮往的寶物呢！

料有害身體，是一種有毒物質」的觀念是錯誤的。真正會引發問題的，應該是施肥的總量及時機吧！

## 堆肥是為了甲蟲及貓咪寶寶們？

基於上述理由，在我轉換成永田農法之後的這2年當中，我已經放棄製作堆肥了。在那之前，製作堆肥可是我在晚秋時節相當重要的工作內容呢。首先，我會在收集路樹或雜樹林的落葉，幸運的是，我居住的城市自治會中，因為有一個秋季路樹一齊清掃會，我從他們那裡直接拿得了收集妥善的落葉。如果從一開始就必須自己去收集的話，這應該會是相當繁重的工作，所以我實在很幸運，真的非常感謝。我在菜園的角落用修繕裝潢木板做成一個圍起來的小區域，灌水進去的同時，也把落葉、雞糞、牛糞、油渣、米糠等相互重疊擺入。經過2、3星期後，把手伸進去觸摸會感覺發熱的話，就是堆肥在進行發酵了。其實，這時候就是沼氣產生的時刻。若發酵進展狀態不佳，可把材料取出來攪拌後，再重新放入執行一次。這個舉動重複2、3次之後，堆肥也就製作完成了。不過，現在我已經不在菜園中放入堆肥，只有使用液態肥料而已。由於我在菜園裡使用堆肥的時間相當長，感覺我現在的菜園也彌漫著過肥氣氛，因此我目前無法立刻做出結論。不過，自從轉換成使用液態肥料後，種出來的蔬菜不但不遜色，甚至成果都還不錯。

堆放在菜園一角的堆肥，很自然地變成了甲蟲的繁殖場。生出許多極大的幼蟲。前幾天，我掀起許久未開的遮蓋布幔一看，裡面竟然疑似變成野貓的產房，有3隻嗷嗷待哺的小貓寶寶在裡面。看到的那瞬間，我還以為是那個令人憎恨的獾的小孩，原來是小貓咪啊。是不是因為堆肥又鬆又軟躺起來很舒服呢……？

## 農藥問題

在本章最後來討論農藥問題。在我10年多前首次嘗試種植蔬菜時，最令我感到困擾的就是病蟲害了。隨著春天溫度上升，蚜蟲會第一個冒出來。當我感覺「怎麼看起來有點沒精神啊～」的時候，例如，查看茄子葉片的背面，經常會發現上面密密麻麻佈滿蚜

➡若搭建防蟲網，不僅可以防止蟲害，也可以抵禦強風或變化迅速的溫度。
⬅因青蟲而造成處處坑洞的高麗菜。

蟲。由於牠們是病毒傳播媒介，實在是非常麻煩的存在。只好在有限的時間內，盡量仔細檢查把牠們通通除掉。但自從我轉換成永田農法後，肥料成分，尤其因為氮成分變得比較少，四季豆、草莓、茄子等的蚜蟲數量都毫無疑問的減少許多。

只要有過幾年種菜經歷幾乎就能馬上知道，土地在因應不同季節時，哪種蔬菜會產生怎樣的症狀、哪些會引發哪類蟲害等問題。如此一來，也就能很快判斷該注意的重點，守護它們不受蟲害侵擾的效率也可以瞬間提升。我認為能明確掌握這一點是很基本的。例如，會附著在馬鈴薯上的是二十八星瓢蟲。若馬鈴薯葉片上出現類似削過的咬痕，就是這傢伙的傑作。若能在夏天注意到秋葵葉片上有捲起身子的葉捲蟲，盡量在一發現就把牠除掉。就算多多少少看漏了幾隻，也不至於影響收成。會咬斷高麗菜或青花菜幼苗的甘藍夜蛾幼蟲或夜盜蟲，則是在初期時就必須徹底驅除。假如幼苗根部有被挖掘切斷的話，應該就是有夜盜蟲躲在土壤裡，必須挖土把牠們找出來。

不管是哪一項，只要自然界裡有植物，就必然有會吃它們的昆蟲存在。反正我們也不可能完全驅逐害蟲，而且從我們的角度看雖然牠們是「害蟲」，但以自然界的角度看牠們則是「昆蟲」，再說，就算假定我們有能力完全撲滅牠們，也應該會因此危害生態環境的平衡。話雖如此，也並不表示要把自己費盡精神細心培育的蔬菜雙手奉送給這群蟲子。我有時候也會使用殺蟲劑。特別是當我來不及用手除掉這些大量冒出的蟲，或者牠們出沒在新芽頂端那種很難驅除的位置時。例如，當蠶豆上大量附著蚜蟲時，我會使用除蟲菊成分製造而成的一種毒性低的殺蟲劑。也有一種是用澱粉製成，可在蚜蟲體內緊密附著而使牠們窒息。

噴灑農藥時有一個重點。用噴霧器噴灑的時候，有些人認為要充分噴灑才會有效，所以在1片葉子上重複噴灑很多次。這麼做的話農藥會滴落下來，反而會造成反效果。僅用力「沙」的噴灑一次，農藥會因變為霧狀而附著在葉片上。重疊似的塗抹，反而只是讓農藥滴落下來而已。

我最初也為了生病這件事感到非常不知所措。我剛開始種菜時，因為每天都會看種菜的相關書籍，一發現小黃瓜的葉子有些微泛黃，就會相當慌張的大叫「啊！露菌病！」，

➡被夜盜蟲大啖的高麗菜幼苗根部的莖。變成這樣的話就已經無法挽救了。有利用澱粉或除蟲菊等天然成分製成的殺蟲劑。

南瓜葉片上若沾著白色粉末，便認為是「糟糕！霜霉病！」而感到哀傷。然後匆忙買農藥回來噴灑。

不過，實際有經歷過的人應該知道，灑農藥的時機和量的掌握並不容易，在短暫病害問題獲得控制時噴灑農藥，還是會再次復發，甚至可能會更嚴重。以家庭菜園的規模，我認為基本上沒有那種大量灑農藥的必要性（只有西瓜需要散佈預防碳素病的農藥）。依栽培法不同，病害發生頻率也會瞬間降低，如前述，發生在南瓜的霜霉病，由於只會在老舊的葉片上產生，基本上就算放著不管，似乎也對收成不會造成什麼影響。小黃瓜的露菌病也一樣可以放著不管。

我從來不認為必須要完全抵制農藥，因為使用農藥和使用肥料一樣，必須要適材適所，若能適量使用的話，它們就不是絕對不能用的劇毒。例如，用在治療蔬菜病害的農藥，也就是殺菌劑或抗生素。讓我比較感到意外的，是對農藥相當反感的人，一樣在自己吃感冒藥或抗生素時感覺很安心。另外，房間裡若出現蟑螂，這些人也會在房裡噴灑藥效強的殺蟲劑，類似的矛盾也經常上演。最近的農藥已和以往不同了，安全基準也更加嚴格，只要能夠確實遵守適量原則（海外的基準及管理則另當別論），說不定反而比人類飲用藥的毒性更低呢！

話雖如此，由於家庭菜園不像農家需要大規模栽培作物，所以應該也不需要使用太多農藥。而不使用堆肥等有機肥料的永田農法，似乎連生病的狀況也相當少。只要在非常困擾的時候使用最低限度的農藥來因應，應該就算是不錯的處理方式了。

# 第六章 用永田農法種植的蔬菜【秋季蔬菜】

# 芋頭

## 把液態肥料灌溉在根部凹槽處

○學　名：Colocasia esculenta Schott
◎植苗期：4月～5月
●收成期：9月下旬～11月中旬

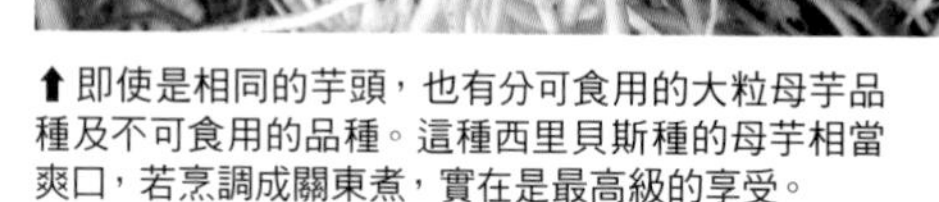

⬆即使是相同的芋頭，也有分可食用的大粒母芋品種及不可食用的品種。這種西里貝斯種的母芋相當爽口，若烹調成關東煮，實在是最高級的享受。

芋頭是秋天燉芋類料理中不可或缺的蔬菜。和白蘿蔔、胡蘿蔔、牛蒡一起燉煮，會呈現一股難以言喻的蔬菜滋味，瞬間滲透到五臟六腑。獲取來自蔬菜的能源準備度過嚴冬，可以感覺到身體的免疫力也大幅提升了。用永田農法栽種芋頭，也能種出格外黏稠且甜味強的芋頭。

由於芋頭是熱愛高溫潮濕的熱帶性植物，要如何快一點提升地面溫度讓嫩芽冒出是種芋頭的重點。到了5月、6月的話，雖然發芽會變得比較快，但這樣到秋天的生育期間會變短，收成數量亦會減少。雖然也有事前使它們在溫室中發芽這種方法，不過我個人是採取以下方式。

3月中旬，先製作高30㎝的田畝，撒上硅酸鈣及液態肥料，再鋪上多功能覆地塑膠墊。為了要提高地面溫度，我不會在種植芋頭的位置上挖洞。若這樣擺放2、3星期，多功能覆地塑膠墊下方的田畝地面溫度就會變得非常高。然後，當菜園周圍的山櫻花全面綻放之後，才著手在多功能

➡由於芋頭有很多不同品種，各式品種都少量栽種的話，可以比較它們各自的風味、口感、甜味、及味道的濃郁程度，這正是家庭菜園才能擁有的樂趣。

覆地塑膠墊上挖洞種芋頭。把手伸進土壤中，應該可以感受到土壤非常溫暖，如同在砂湯溫泉一般。每株大約間隔40cm左右，覆土5、6cm。假如種得位置太深，會因為地溫不足而發芽緩慢。

過了2、3星期後，嫩芽會冒出地面。接下來以1星期1次的比例用液態肥料灌溉。梅雨季結束的盛夏，每逢土壤迅速乾燥時，盡可能隔2、3天就施加1次液態肥料。芋頭大概在5月、6月時會有蚜蟲蟲害，若能特別注意這點，之後幾乎就不需要擔心蟲害問題了。9月中旬，剛好大約秋雨季節，我便停止施肥了。接下來就採取無肥料栽培，10月中旬前後便是收成期。酷愛夏季高溫的芋頭，想當然耳無法抵禦寒冷環境。降下初霜後，只要一晚，葉片就會呈現褐色枯萎狀。清晨，看到菜園中芋頭的葉片變色，便知道秋天即將結束，快要進入農閒期了。因為我不是農家，這對我來說並不是什麼值得煩惱的事，一提到冬天，只感到沒有農作可進行，總覺得是個輕鬆愉快的季節。若說無聊，還真的挺無聊的，不過，正因為有這個農閒期，才讓我更期待春天到來，進行繁忙的農作。

在芋頭上灌溉液態肥料時，不禁讓我回想起永田先生講的鳳梨往事。在四國（日本地名），很多人用永田農法栽種鳳梨，那也是個極其美味的絕品。跟一般大小的鳳梨一比，大概只有它們一半大而已，就像是迷你鳳梨。據說，鳳梨原本的大小應該是這種迷你型的，而我們在市面上看到的鳳梨，聽說是使用成長荷爾蒙強迫它們變大的結果。總之，讓我感到震驚的，是這鳳梨的味道及香氣。果實整體呈現橘黃色的完熟狀態，只是放在房間而已，便會釋放出回味無窮的芳香。把果實切開，每一顆都均勻的呈現出完熟樣貌，連普遍會被留下不吃的鳳梨芯部份也都甘甜可食。在種植這種鳳梨時，聽說液態肥料要從果實上方冒出的葉片部位灌注下去。據說如此一來，液態肥料會積聚在葉片根部呈現V字形的凹槽處，能夠確實被

⬆芋頭的葉子大小足以讓小孩當作雨傘玩耍。

鳳梨吸收。看到芋頭根部的形狀，讓我不由得想起這段鳳梨的記憶。我馬上試著把這個技巧付諸執行。若在根部施加極少量的液態肥料，會因為肥料積聚在莖的根部V字形凹槽處，和撒在土壤上相比，僅使用更少的水便可以完工。要如何確保稀釋液態肥料的水分，也是在家庭菜園中使用永田農法的關鍵之一。在莖的凹槽處灌溉液態肥料的方法，也獲得永田先生的認可，他說「你注意到這點很不錯喔，用這個方式確實很合適。」。若用這個方法，每株大約只需要1杯左右的液態肥料就足夠了。

## 就算是無肥料 也能種出上等芋頭

用這個方式栽種的芋頭確實是豐收又美味。甚至連芋頭名產地越前大野出身的人也讚嘆不已。尤其因去年夏天梅雨量極少，導致附近菜園的芋頭都長得不好。不過，我使用這種節省液態肥料的方法，因為能夠有效率的供應水分，連不敵乾燥的芋頭也豐盈嬌嫩的生長著。由於果實已成熟，能夠迅速煮熟，而且不會煮爛。我每次都會種很多不同種類的芋頭。

夏季結束後，把手伸進根部位置，稍微拿一個小芋頭來看看。小芋頭上還附著薄薄一層皮，就像是「穿著衣服」一樣，而它的柔軟及甜味，真讓我感覺有早一步採收到秋天的氣氛。接著一到10月中旬，也終於開始正式採收了。我今年種了4種不同的芋頭。而且去年收成後，把切下來的莖和葉堆積放在菜園角落，那邊應該也長出芋頭了吧，因為那邊伸出了英挺的芋頭葉。我立刻來挖掘看看。雖然體積很小，但1株也結了數個芋頭。這應該是福井縣‧越前大野的芋頭品種吧!?因應環境狀態結出了5種類型的芋頭，能這樣品嚐、比較各類品種的特色，也是家庭菜園才獨有的樂趣。我立刻用相同條件燉煮。「熊本產（早乙女）」和「埼玉產」這2種，可能因為平常超級市場就經常販賣，有種熟悉的順口甜味。「西里貝斯（Celebes）」有獨特的乾爽口感，而且甜味重。把它放進關東煮燉煮也煮不爛。最爽口好吃的是「京芋」。它相當清爽，食用時會有類似芋頭的口感。此外，最黏稠且甜味重的是在菜園角落自行生長出來的「福井產」品種。它是本來就相當有名的品種，但是，竟然能採取放任不理睬又完全無肥料的方式自行生長出來，實在讓我大感意外。我把這件事告訴永田先生，他說「沒錯，這種品種就是這樣。芋頭在初次開墾的地點用無肥料栽培的話，雖然芋頭的收成量比較少，卻可以種出味道最棒的成品。」。的確，要種出美味蔬菜並不限於非得施加大量肥料。

只要開始種植蔬菜，很自然對料理方式也會特別在意。剛收成的新鮮蔬果，果然還是先生食最美味，然後，只要稍微進行簡單的調理，便能夠將蔬菜不同的魅力引導出來。以下是題外話。在DVD「任何人都能烹調的永田蔬菜」當中，大概介紹了80種以上可以引導出蔬菜個性的獨特料理。負責菜單製作和攝影的「Anonimast.」公司所屬的丹治史彥（Tanji Fumihiko）先生，陸陸續續把永田蔬菜帶進了自己的辦公室，再經過專門研究料理的女性員工們妙手處理，便宛如魔術一般變成了一個個精湛的作品。我也從自己的菜園裡提供了一些蔬菜給他們。從播種開始歷經數個月呵護備至栽培而成的蔬菜，最後以這般華麗的姿態端上檯面供人品嚐，真的是另一種感動呢！

⬅在莖的凹槽處灌溉少量的液態肥料就足夠了。這方式在夏季的缺水期真是格外便利。此特殊構造是否是植物的智慧呢？

# 番薯

○學　名：Ipomoea batatas L.
◎植苗期：5月
●收成期：9月～11月

## 野豬軍團襲擊

⬆番薯的病蟲害不多，不需要特別照料。最近有種枝蔓可食用的專用品種相當受歡迎。是種稀有的旋花科（Convolvulaceae）蔬菜。相片為紅甘薯。

➡白皙外皮上微微染上粉紅色，實在相當美麗。由於這種品種的甘薯澱粉質多，很適合做成甘薯干。

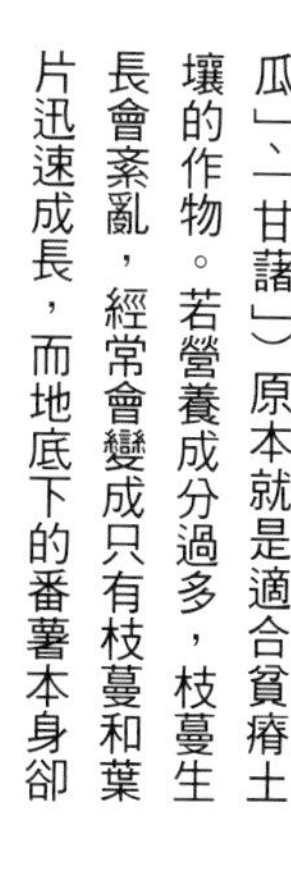
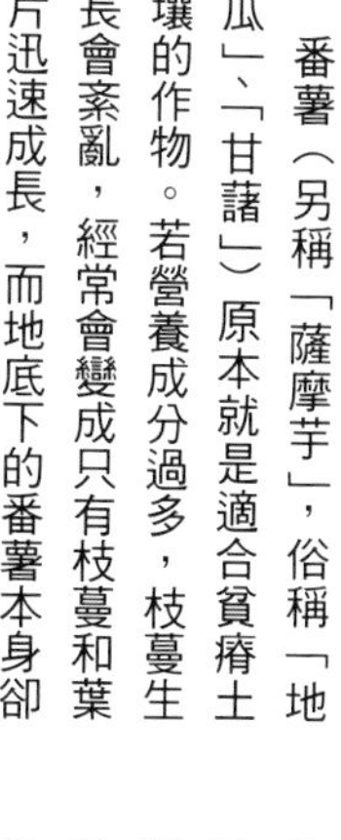

番薯（另稱「薩摩芋」，俗稱「地瓜」、「甘藷」）原本就是適合貧瘠土壤的作物。若營養成分過多，枝蔓生長會紊亂，經常會變成只有枝蔓和葉片迅速成長，而地底下的番薯本身卻幾乎沒有長大。我去年用永田農法嘗試栽種了4種番薯。分別為「沖繩的紫芋」、「紅甘藷」、「金時」、及「高系」。當然，我最初並沒有添加任何肥料，也就是所謂的元肥。

➡採收大量的大番薯。據說最初的2星期若採用無肥料栽種的話，變成番薯的莖可以生長的很好。

在5月連休※之時，田畝如往常般做成30 cm的高畝。據說在排水較佳的地方較能種出乾爽好吃的番薯。加上它們對酸性土壤的抵抗力強，所以不太需要添加硅酸鈣。最讓人佩服的，是它們連最初的液態肥料都不需要，只要單純鋪上多功能覆地塑膠墊即可。在夏季蔬菜的植苗作業進行到一個段落的5月中旬，我會購入幼苗（雖說是幼苗，但因為是剪斷枝蔓頂端的莖，所以沒有根），放進多功能覆地塑膠墊的開口處，直接插入土壤裡。這有點像是插樹枝的感覺。植苗結束後，只需要供應充足的水分即可。再重申一次，不必灌溉任何液態肥料。若晴天一直持續的話，必須要不厭其煩的供水，等待生根。植入後的葉片雖然會先短暫呈現枯萎狀態，不過大概4、5天後就會一股作氣的長出新葉。假如出現這種現象，便證明根已經從地底下莖的部位上長了出來，且開始吸收水分。這時，即使停止供水也不會有問題。植苗大約2星期後，才注入首次的液態肥料。1株以500 ㎖左右為原則。用灑水壺朝根部澆灌下去。之後，以2星期1次的頻率用液態肥料灌溉，和芋頭一樣一直施肥到9月中旬左右，接下來再採取無肥料栽培。

用這種方式栽培的話，可以種出非常多大番薯，這是我目前為止從沒有過的經歷。跟以往放入過多堆肥且枝蔓生長紊亂時的成果相比，這次的收成數量確實有一倍以上。尤其是「金時」，1株當中結成的大番薯有7、8個，且像香蕉一般連結在一起。

今年，永田先生教了我一種驚人的祕法。番薯和芋本身因為是在土壤中膨大，所以盡可能深耕菜園，感覺在鬆軟的田地裡似乎比較能長出大量的番薯。但是，不單指芋頭類，凡是永田農法幾乎都沒有深耕菜園的必要。一旦深耕，直根反而會往下伸長，相

（※）5月連休……指黃金週，是日本在4月至5月間的多個節日組成的公眾連續假期。

反的，永田農法是盡量增加能在接近土壤表面處吸收營養的毛細根。在某種意義上，永田農法也被稱為是「在表土10 cm決勝負的農法」。實際上，永田先生菜園的無花果樹下，甚至用鐵板鋪在地底，藉此達到根無法深入地底的目的。

➡永田先生用液態肥料栽培的「七福（Shichifuku）」。因為糖度非常高，若用菜刀切開，會有像蜂蜜那樣黏稠的汁液流出。

番薯也是，除了不要深耕之外，盡可能在地裡鋪上石頭或瓦礫，讓根無法深入地底較好。根往下伸展時一碰到障礙物就會放棄延伸，然後在原處儲存營養而生出許多番薯。這讓我相當震驚。我以前一直認為菜園就是要深耕才會好，永田先生又再次顛覆了我過去的認知，不過，這次我倒是半信半疑，於是我打算做個實驗，親自確認是否真是如此。我在兩個田畝中選出其中一個，用厚的塑膠墊來代替石頭鋪在地裡。液態肥料也是在幼苗定植後2星期就全面停止，讓它們處於極度飢餓的狀態生長。就這樣，我在夏季期間展開了2星期1次灌溉液態肥料的栽培。

## 僅僅一晚就被偷吃殆盡的番薯田

終於，秋天的收成結果究竟是如何呢……？非常遺憾，這時竟然發生了一件相當悲慘的事。長年以來經過多次嘗試錯誤，我終於在今年完成了玉蜀黍圍籬，正當我為了果子狸和獾的侵害降低而暫時感到安心，野豬卻在不知名的時刻出沒在我的菜園裡。8月上旬我到菜園一看，發現番薯的枝蔓沒有精神，一副枯萎的模樣。就算梅雨結束後始終持續晴朗的天氣，也不應該會產生這種現象。我走進一看，看見根部位置有個很大的洞穴，沒錯，那裡被挖了將近30 cm深的洞穴，而且番薯的根被連根拔起消失不見了。一定是野豬！聽說鄰鎮的菜園去年也因為野豬侵擾而全軍覆沒，看來這群傢伙也終於遠征到這邊的菜園了。真是太讓我震憾了……。春天製作田畝，揮汗如雨般埋入塑膠布，如此奮力拼命的施加液態肥料……。全部的辛勞與付出都瞬間化為烏有。牠們還像是領贈品般，順便把山藥、野芋的根也全部挖走。我以大約80 cm的間隔種植，但牠們挖掘時卻依然能完美的正中紅心。我對牠們能嗅出深入地底芋類味道的驚人嗅覺深感佩服。

不對，現在不是敬佩的時候。像我這樣只是因興趣而種菜的人都會這麼沮喪，那麼以種菜為生的農家，遇上天災或蟲獸侵擾必然會是難以估計的損失吧！

野豬侵擾的損害，似乎不會只有小部份被吃掉這麼簡單，幾乎都是全部被食用殆盡。當牠們入侵菜園後，便會用靈敏的嗅覺分辨芋類的味道，只要一個晚上，就能把全部吃光光了。

不過，被吃掉的番薯本身也很強韌，即使短暫呈現萎靡狀態，剩下的枝蔓也會努力擴張根部，不用多久又會開始成長。只不過從現在開始到秋天結束，已經沒有時間足以讓番薯的果實膨大了。假使番薯成功生長，也可能又會有野豬軍團來襲，加上架設網子這類東西也不太可能成功防禦，看來必須要用鍍鋅鐵板（galvanized sheet，又名白鐵板）或鐵柵欄堅固的圍繞菜園才行。那麼…接著…，明年我又該如何是好呢？

⬆某天早上，當我一到菜園，到處都是大大的洞穴！野豬軍團用牠們驚人的嗅覺精準的挖出番薯，甚至還連根拔起。

# 落花生

## 被半熟的口感及獨特風味俘虜

○學　名：Arachis hypogaea L.
◎播種期：4月～5月
●收成期：10月

⬆只要嚐過一次剛採收的煮花生，這個人便會開始每年栽種花生。它像半熟的豆子那麼軟，吃起來還特別甜。

⬅發芽後的落花生。在這個階段之前因豆子會冒出地面，需要格外注意鳥類。雖然起初的成長速度緩慢，但梅雨季之後就會生長茂盛。

➡落花生的花朵雖僅約2cm，體積相當小，但放大仔細一看，不僅豔麗，還頗具異國情調。不只是讓人渴望一親芳澤，花朵本身也蘊含著魔力。

數年前，隔壁菜園的老婆婆給了我剛收成的花生。因為我以前只有吃過奶油花生和炒花生，自從品嚐過蒸的落花生，就完全被那種美味俘虜，每年都會栽種。剛蒸好的獨特口感和風味，及那令人難忘的甜味，實在是沒有自己烹調絕沒辦法體會的奢侈享受。

我一樣在5月連休時播種。因為種子本身很硬，像秋葵那樣用水浸泡一天一夜再播種比較好。田畝同樣做成30cm高。然後撒上硅酸鈣及液態肥料，之後因為要讓土壤靠近根部，所以不鋪上多功能覆地塑膠墊也沒關係。每株間隔取30～40cm左右，種植在約略深達4、5cm的土壤中。它和毛豆一樣，需要格外注意鳥的侵害。落花生在發芽之後豆子依然暫時會在根部，所以很容易被烏鴉盯上。播種後的2、3星期之間，若能用網子或線搭在周圍，便能夠稍微緩解鳥類危機。發芽後初期的成長相當緩慢。

1星期到2星期需添加1次比例的液態肥料。落花生因屬豆科，不僅會把空氣中的氮當作肥料吸收，也會用本身的酵素分解土壤的磷酸自行吸收，是一種極其特殊的植物。如前所述，日本全國的菜園都因肥料持續大量投入而有土壤磷酸過剩並殘留的問題。在這種菜園種植花生的話，據說可以達到回收過剩磷酸的效果。因此，在肥沃土壤不添加液態肥料也沒關係。不管怎麼樣，當黃色的花開始綻放後，就採取無肥料栽培。

毛豆或四季豆都是等花謝之後才長出豆莢。但是因為落花生看不到豆子生長的姿態，我常因無法得知果實成長的狀況而感到不安。事實上，黃色花朵之後，會從莖長出稱作子房柄的莖伸展到地中。而它的頂端會變成花生。因此，當開花期接近時，需要翻動株周圍的土，在株周圍進行培土。如此一來，結了果實的子房柄會比較容易進入土中。

落花生在生育初期雖然有時候會有蚜蟲附著，但之後幾乎不需要再煩惱病害蟲的問題。

10月中旬一過，當葉的一部分變

黃，就可以挖掘採收。徹底洗淨每個外殼，用濃鹽水蒸煮，需要不時前去確認蒸煮狀況，大概蒸20分鐘即可。請一定要好好地把剛收成又蒸煮好的熱呼呼落花生盡情大快朵頤一番。

⬆花綻放後，會從莖的位置伸展名為「子房柄」的白色枝蔓。它的頂端會潛入土裡。然後頂端部分會在地底逐漸膨大起來……。

⬆……一到秋天，落花生會在地面下生成。為何是在土壤中成型？因為它高營養且美味，很容易成為鳥獸覬覦的對象，所以在土壤中成長說不定是它特有的智慧。

# 分蔥

## 可利用花盆栽培的便利辛香料

○學　名：Allium fistulosum L. var. caespitosum Makino
◎植苗期：8月～9月
●收成期：10月～4月

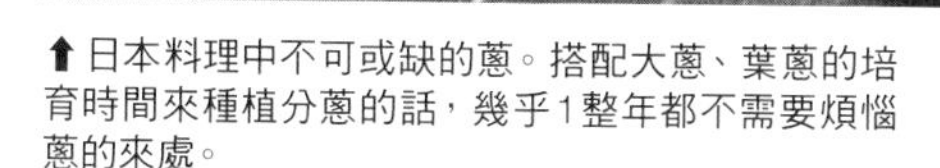

⬆日本料理中不可或缺的蔥。搭配大蔥、葉蔥的培育時間來種植分蔥的話，幾乎1整年都不需要煩惱蔥的來處。

分蔥（別名「紅蔥頭」）是蔥的同科，是一整年都需要的蔬菜。雖然冬季鍋類料理不可或缺的大蔥及葉片較粗的下仁田蔥是最頂級的蔥類，但秋天和初春能夠輕鬆的種出分蔥，也確實非常方便。而且若用永田農法栽培，其香氣還會更上一層，甜度也能增加不少。

最初我是在園藝店購買分蔥的球根。只要栽種過一次，之後就能自行取出球根使用。在菜園栽種的話，需在9月上旬於田畝中撒上硅酸鈣及液態肥料。沒有鋪多功能覆地塑膠墊也沒關係。挖出一個深3、4cm的溝渠，每1處各植入2個球根。間隔需數公分，覆土只要球根頂端的芽稍微露出地面即可。千萬不可植入太深。

接下來約1星期灌溉1次液態肥料就行了。當芽伸展，蔥綠部分伸長到10cm以上之後，可在根部以上3cm的位置處割下蔥綠使用。之後，在嚴冬來臨前，大概還可以採收2、3次。嚴冬時，冒出地面的部位會自然乾枯，保持原狀放著就可以了。待3月春天即將來到，再次1星期灌溉1次液態肥料，宛如呼應新綠季節般，分蔥會再度長出新鮮的嫩芽。若用液態肥料栽培，連根部連結到球根的部位都能食用，且十分美味。當5月底開始變熱時，分蔥會呈現枯萎模樣，這時挖出殘存的球根，徹底乾燥它，可保存到秋天植苗時再使用。

像分蔥這種可當作辛香料使用的蔬菜，若栽培在花盆、陽台或庭院的話，實在是相當方便。在花盆裡，建議放入「日向土」或「紅赤玉」這種不含營養成分的土。然後灌溉充足的液態肥料，讓它保持潮濕。這時，需要挖出一個類似種植在菜園時的溝渠，把球根埋入其中。栽培在花盆時，1處植入1個球根即可。之後，1星期灌溉1次液態肥料。和種在菜園不同的，是當施肥間隔間土壤呈現乾燥時，僅補充水分即可。收成期和種在菜園時相同。用永田農法在花盆裡栽培的話，因土壤中未添加多餘物質，肥料當中也沒有放入有機肥料，因此就算放置在室內的窗邊，也乾淨

⬆由於分蔥的花（蔥花）不開，故無法生成種子。因此種植球根培育。

⬇用液態肥料栽種的話，因肥料吸收佳，若能配合氣候狀況割斷蔥葉來使用，可以重複採收數次。

⬆放在廚房周邊的花盆裡栽培，剛採收的分蔥香氣最濃郁。適用於味噌湯、涼拌菜、蕎麥麵、烏龍麵等，在想要辛香料時實在非常方便。

無臭，非常方便。

接下來，雖然不是分蔥，但一樣是秋天可取用的蔥類之一，請允許我介紹洋蔥葉的使用方法。最近，種洋蔥已經不再使用種子，而是利用一種小鋼珠大小，直徑約2㎝，稱為「套裝型幼苗」（參照P19的相片）的球根栽培。利用這種球根，大概只要4、5個月洋蔥就能收成，比起用種子或幼苗栽種，這更適合家庭菜園。其實，如果在8月到9月間種植這種小型球根，11月左右就可以採收洋蔥葉來使用了。如果就這樣繼續栽培，當然會長成洋蔥，但這個洋蔥葉實在是絕品食材。栽培方式和一般洋蔥一樣，以1星期1次液態肥料即可。生洋蔥葉也可以當作辛香料使用，磨成泥狀的話，香氣及甜味都很強烈。放入鍋類料理，其口感也決不會輸給下仁田蔥。請一定要品嚐看看。

# 胡蘿蔔

## 種出了類似柿子般味道的胡蘿蔔

○學　名：Daucus carota L.
◎播種期：①3月～4月，②7月～9月
●收成期：①7月，②11月～2月

⬅小朋友不喜歡胡蘿蔔特有的生澀味道是因為肥料過量導致。永田農法可使這種生澀感覺消失，讓它變得清甜，連烹調也能更省時省事。

其實，我到現在還不曾順利種出過胡蘿蔔（俗稱「紅蘿蔔」）。總覺得這對我來說是比較困難的蔬菜。因為從播種到發芽相當耗時，期間，很容易因土壤變乾燥而導致無法發芽。我在發芽之前會頻繁供水，或為了避免土壤變乾而鋪上沾濕的報紙來因應。

不過，問題是在接下來的步驟。胡蘿蔔是繖形科的植物，格外喜愛潮濕土壤。尤其初期成長相當緩慢，若這個時期變乾燥的話，成長狀態會越來越糟。我在使用液態肥料之前，除了播種當時之外，從來沒有額外供水過，可能就是這時土壤開始呈現乾燥，造成只能種出細長的胡蘿蔔吧。我猜想這是其中一個原因。自從去年切換成永田農法後，對發芽後的胡蘿蔔也會1星期灌溉1次液態肥料，因此它們精神飽滿的成長著，終於讓我知道其中的關鍵了。

目前為止，我在種胡蘿蔔上還有另一個問題。即使順利種出來，也經常是極端彎曲或是分岔成兩半。

當我正懷疑是否是因土壤中有石頭才造成這現象，但我看到濱松永田先生的菜園後，就立刻知道不是這個原因了。那裡幾乎是一個佈滿石塊的田地。那是2004年夏天播出的「糸井重里種出的超美味蔬菜」中擔任插圖畫家的Kogure Hideko小姐所挑戰栽種蔬菜時的菜園。那個菜園，是在建造第二東名高速公路時所產生的廢土放置場，就在沒有人提出租賃要求下，永田先生把它租借下來當作菜園使用。因為石頭到處滾來滾去，跟我們一般印象中的菜園模樣實在相差十萬八千里。但是實際上，那塊地卻種出了許多美味的蔬菜。即使在節目採訪後，那邊也繼續種植各式各樣的蔬菜，連胡蘿蔔、白蘿蔔、番薯等所謂的根莖類植物，也成功的大量栽培了出來。根據永田先生的說明，造成根莖類的根彎曲或分岔成兩半並不是石頭引起的問題，據說是因為未分解的堆肥等有機肥料所導致。蔬菜的根就算碰觸到石頭，只要不是極巨大的石頭，原則上，根會按壓石頭繼續直直地往前伸展。不過，據說當根碰觸到堆肥等肥料的話，會因為感到不舒服而彎曲閃躲，或是分岔成兩半。我總覺得可以體會那種感覺。當手上有傷口的時候，若觸摸石頭不會有什麼特殊感覺，但是觸摸肥料的話，不管是固態肥料還是液態肥料，都會因為滲入傷口而感到相當疼痛。從這個經驗得知，若直接碰觸肥料，會因為感到生理的刺痛感而下意識的想要避開。我的菜園也從改為永田農法後就不再使用堆肥培育了，因此又粗又直的胡蘿蔔也順利大量的栽種出來了。

胡蘿蔔雖然在春天播種夏天也可以收成，但夏天播種秋天收成有種特別好吃的感覺。田畝要做成30cm的高畝，撒上硅酸鈣和液態肥料。由於要進行穴盆移植，所以不必鋪上多功能覆地塑膠墊。在7月到9月這段盛夏之時播種，挖掘深1cm的溝渠，溝渠之間需間隔30cm左右。由於胡蘿蔔的種子不易發芽，將它們浸泡在水中一天一夜再種植會比較合適。最近有一種稱為小丸狀種子的品種，因有表面塗層可以使種子較容易發芽，加上它顆粒很大，播種也會比較方便（小丸狀種子可以不必用水浸泡）。播種的理想間隔距離為2cm。因為實際上通常會種植的比這個距離還密集，因此發芽後需進行疏苗作業。由於胡蘿蔔發芽需要光線，因此種子的覆土以數mm左右為主，淺淺覆蓋即可。這時，建議使用「目土」來覆蓋。覆土之後，用手掌或木板好好的按壓土壤，使種子安穩。尤其是殘暑嚴峻之時，盡可能使用遮光網或寒冷紗鋪在田畝上。

## 從胡蘿蔔冒出的大量細根

之後，直到發芽為止大約需要1星期到10天。持續晴天的狀態下，為使土壤不至於乾燥，需頻繁澆灌液態肥料。就算是從遮光網上澆灌液態肥料也沒關係。發芽後，立刻把覆蓋物除去，1星期灌溉1次液態肥料。葉片彼此重疊的地方需要進行疏苗，最終以間隔達7、8cm為理想狀態。疏苗也是栽種胡蘿蔔的致勝關鍵之一。一旦怠慢這個步驟，可能到最後會莫名感到可惜，而且也無法種出自己能滿意的成品。當然，疏苗後便可以種出美味的胡蘿蔔。尤其是新鮮的胡蘿蔔，葉片會特別好吃，適合拿來做成涼拌菜或天婦羅。

再另外介紹一個秘訣。像胡蘿蔔這種使用穴盆移植的植物可以不用鋪多功能覆地塑膠墊。但為了達到保濕、保溫、抑制雜草的效果，取而代之可運用一種有效的方式—「燻炭」。簡單說就是燻黑稻穀殼，也就是弄到類似炭那樣，從很久以前，農家們就是這樣自己製作了。最近已經能直接在園藝店購買燻炭了，把這個東西放在株與株之間，就可以得到和多功能覆地塑膠墊類似的功效。在沒有鋪多功能覆地塑膠墊使用穴盆移植栽種的狀態下，鋪上這種燻炭應該會有不錯的效果。建議也運用這種方式在結球甘藍、水菜、葉茼蒿等秋冬蔬菜的栽培上。

這是我從去年開始使用液態肥料栽培胡蘿蔔時發生的事。因為我是夏季時播種，所以剛好在冬天的時候準備收成。嗯~到底種出了怎樣的胡蘿蔔呢？我一邊感到興奮一邊開始拔起胡蘿蔔。咦……，我抓住葉子的部位奮力往上拉，卻怎麼拔也拔不出來。到目前為止我還沒有過這樣的經驗。又不是結球甘藍，以前都很容易用手拔出來的。因為這次沒有用堆肥，土壤確實變得比較硬，難道是因為這個因素嗎？若是這樣的話，胡蘿蔔該不會也變得又粗又大吧？我變得稍微有點不安，拿起鐵鍬來試著挖挖看。哇！粗大的胡蘿蔔大量的並排在土裡，真是不可思議！而且幾乎沒有一根是彎曲的。我第一次栽種出這麼成功的胡蘿蔔！仔細一看，從胡蘿蔔上長出大量的細根。這該不會就是用液態肥料而培養出的毛細根，也就是永田先生常說的「好吃的根」。似乎是因為土質較硬又再加上這些細根伸展擴張後緊抓土壤，我才會因此拔不出來吧！

接著，它們的味道又是如何呢……？老實說，真讓我驚歎不已。感覺就像是吃了鮮嫩的柿子一般。不僅完全沒有生澀味，那種說不清楚的甜味真是好吃極了。坦白說，我隱約覺得我種出來的胡蘿蔔比在永田先生那邊拿到的還要更好吃。

還有另一個讓我驚訝的事。因為種出的胡蘿蔔數量龐大沒辦法一次全部吃完，所以我讓它們維持原本栽種的狀態直接放在菜園裡。接著，1月、2月的嚴冬來臨，即使有強烈的風霜，它們依然沒有結凍，還是可以食用。不知是否是胡蘿蔔的細胞很有耐力？我對它們的耐寒性真是相當震驚，佩服不已。

最後，介紹用花盆栽種迷你胡蘿蔔的方式。迷你胡蘿蔔通常是當作

⬆使用液態肥料的永田農法所栽培出來的蔬菜，其代表美味的細根會非常發達。連拔胡蘿蔔都需要耗費相當的體力。

⬅胡蘿蔔的發芽雖然也相當耗時，但初期的成長卻非常緩慢。在胡蘿蔔還小的時候，因為對乾燥環境抵抗力弱，可如相片一般鋪上「燻炭」進行保濕。⬆栽培粗大胡蘿蔔時需要進行疏苗，最終要使彼此間隔3根手指頭左右。

沙拉生食，不過，用液態肥料栽培的話，其甜味還能夠更上一層。收成所需的時間也比普通胡蘿蔔短，可以輕鬆的用花盆栽培。

要準備的土依然還是以不含肥料的「紅赤土」「鹿沼土」「日向土」較佳。

在播種之前，要注入充分的液態肥料使土壤潮濕。之後就跟在菜園種植胡蘿蔔的方式相同。播種後，以「目土」稍為淺淺覆土，在發芽前用遮光網或用水沾濕的報紙覆蓋上去。接下來，每逢乾燥就澆水，然後1星期灌溉1次液態肥料，並且頻繁的進行疏苗，最後每株只需間隔約4、5cm即可。用液態肥料培育的迷你胡蘿蔔由於生澀味較少，在鮮嫩狀態下，連葉子都可以做成沙拉食用。

⬅在秋冬寒冷時，選擇溫暖的正午施加液態肥料。從葉片上方澆灌下去較佳。而夏季高溫時，則選在清晨及傍晚涼爽時施肥在根部為佳。

⬅在花盆裡能輕鬆栽種的迷你胡蘿蔔。因為幾乎沒有生澀味，很適合用於生菜沙拉。

# 結球甘藍

## 疏苗菜可作為味噌湯食材

○學　名：Brassica oleracea L. var. caulorapa DC.
◎播種期：①3月～4月，②9月
●收成期：①5月～6月，②11月

⬆結球甘藍的微微清甜，使人想到春天和秋天平靜的從樹葉縫隙間射進來的陽光。這蔬菜的味道，宛如是那個季節所栽培出來的。

結球甘藍（別名「大頭菜」），也是自行栽種趁新鮮品嚐，能強烈感受到與市售商品截然不同的蔬菜之一。它不僅短時間便能栽種出來，用液態肥料的話，甚至連莖都可以直接生食。

雖然它在春季與秋季皆可栽種，但即將步入寒冷季節的秋天，更能夠誘發出結球甘藍的甜味，令人感覺格外美味。提到播種時間，春作可選在3月下旬到4月下旬，秋作則是9月中旬前後。製作高30㎝的田畝，再撒上硅酸鈣及液態肥料。

至於多功能覆地塑膠墊，因為是用穴盆移植的方式播種，因此不需要鋪設。

在田畝中挖一個深1㎝左右的溝渠。若製作了2個溝渠，則溝與溝之間約保持20㎝的間隔為佳。在當中以1～2㎝的間距撒下種子。像結球甘藍那樣撒非常小的種子是相當困難的。不管怎麼仔細，撒種時種子幾乎都會互相重疊。這時可以用手指一邊捻起種子一邊撒下，雖然會比較不易重疊，但即使如此，種子依然可能積聚密集，因此可稍後再進行疏苗工程。最近結球甘藍也開始有小丸狀的種子面市，雖然價格稍微有點貴，但因為從最初開始便能以少量種子順利播種，整體效率較好。

針對這種小種子的覆土，建議使用「目土」較佳。因為目土顆粒細，比菜園的土壤輕，因此比較容易發芽。將目土沿著溝渠放入大約厚1㎝左右即可。之後，用手掌或寬數公分的板子從上方輕輕拍打。如此一來，目土會徹底固定，種子也可以感到安定。而且因為種子周圍的縫隙消失，也有防止水分蒸散的效果。

接著，由於9月的殘暑也不容忽視，在播種之後若能用寒冷紗或遮光網直接搭在田畝上遮光、保濕的話，發芽狀況會變得更好。在發芽之前，盡可能每天灌溉液態肥料。一般約2、3天就會發芽，發芽後一定要把覆蓋住的寒冷紗等遮蔽物移除。如果就這樣放著不管的話，芽會長得過長而變成豆芽菜。

之後以1星期1次液態肥料培育。重點在於要頻繁進行疏苗工程。如前述撒種時種子重疊的位置，由於生長會過於密集，需要用剪刀剪開或是用鑷子拔出以進行疏苗作業。之後也配合其成長狀況，在葉片相互重疊的位置進行疏苗。這些疏苗菜的葉或莖，即使是生的也可以食用，拿來當作味噌湯的食材也很合適。

株和株之間若鋪上在胡蘿蔔篇中介紹過的燻炭的話，具有防止土壤乾燥的效果，據說結球甘藍的品質也能夠更加提升。

然後，當根部的白色球根開始膨大到小鋼珠大小時，便可以停止灌溉液態肥料。疏苗到最後的理想狀態為每株間隔約10㎝左右。之後若以無肥料栽培，可以栽種出柔嫩水感具光澤又漂亮的結球甘藍。把它切成薄片，沾一點鹽品嚐看看吧。一定會驚訝結球甘藍會有這般甜味。另外也推薦拿來醃製米糠。把莖切成細小狀，與白飯一起食用，真是絕配。

⬅比胡蘿蔔適合密集栽種。緊密生長在一起的結球甘藍，若從較粗大的開始採收，剩餘的也照樣會逐漸變粗大。莖也相當好吃。

# 生薑

○學　名：Zingiber officinale
◎植苗期：4月
●收成期：7月～10月

## 沾上煮開的甜醋又是另一番風味

⬆現挖掘出的嫩薑，其香氣強烈到令人感到震驚。因為具有提高新陳代謝等各種藥效，請一定要在菜園角落一個半日照的位置栽種。

若說樸實，它確實是樸實的蔬菜，但使用液態肥料種植的話，可以去除澀味，即使生的直接咬一口也可以感覺到一股微弱的清甜。由於種出了如此美味的生薑，當然要介紹給大家。

因為生薑對乾燥的抵抗力弱，喜愛潮濕環境，因此似乎田畝高10㎝左右會比較合適。同樣需要撒上硅酸鈣和液態肥料。由於生薑發芽時需要在溫暖的環境，因此選在5月連休期間進行植苗。我曾有幾次早在4月多就進行植苗，結果不僅沒有發芽反而還腐爛掉了。

在園藝店購買生薑種子。覆土以5㎝程度，每株間隔取30㎝。在發芽之前，為使它不至於乾燥，3、4天需灌溉1次液態肥料。發芽之後，液態肥料1星期1次即可。梅雨結束時，為避免乾燥，需在根部位置上鋪設稻草或割下來的雜草。進入初夏後，由於莖會生長至1㎝左右粗，可從支根折斷，當作細長的鉛筆生薑使用。之後，莖的根部會肥大，隨後便會長出嫩薑，一定要一點點挖掘出來品嚐看看。生的直接咬看看，宛如把炎夏吹飛般清爽，用來搭配下酒菜最美味。在10月中旬的霜降之前，便可以全部挖掘出來正式採收。

嫩薑，沾上煮開的甜醋又是另一番風味。生薑也具有寒冬時使身體保持溫暖的功效。

# 稻米

## 雖然毫無計劃也嘗試挑戰稻作

○學　名：Oryza sativa
◎植苗期：5月
●收成期：10月

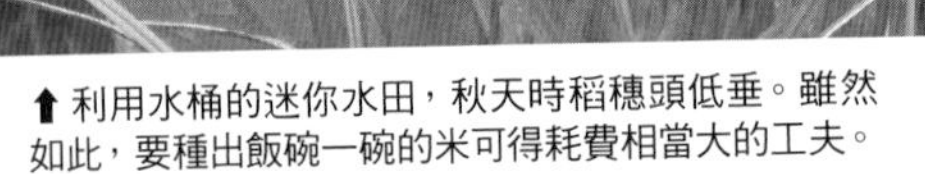

⬆利用水桶的迷你水田，秋天時稻穗頭低垂。雖然如此，要種出飯碗一碗的米可得耗費相當大的工夫。

在DVD「任何人都能烹調的永田蔬菜」當中，糸井重里先生一句「也來種種看稻米吧」，於是也介紹了稻米的栽種方法。

5月，收到了永田先生指導的新潟縣吉川區寄到濱松來的越光米幼苗。我正疑惑要在哪裡做一個水田，永田先生卻說不需要水田。他說，像蔬菜一樣製作田畝，然後在田畝用液態肥料栽種即可。我以為這種情況一般來說應該是使用陸稻用的品種，但這次卻是水稻的越光米。「不用擔心。我以前也曾在砂漠地種植過水稻。」永田先生這樣說著，在菜園中植入了一大排稻米幼苗。然後，有些剩餘的幼苗，在永田先生盛情下，「請諏訪先生也一定要在自己的菜園中種看看喔！」，我收下了那些幼苗種在我的菜園裡。

因為我在春初編列栽種計劃時並沒有把稻米列入預定，因此沒有可以栽種稻米的位置，只好在牛蒡和青花菜旁邊挪出一個極小的空間。

基本上以1星期1次液態肥料栽

培，但總覺得稍微頻繁灌溉液態肥料會比較好。事實上，據說濱松是3、4天施肥1次，不知是不是這個原因，那邊的稻米跟我菜園中的相比，成長狀態也似乎比較好。附帶一提，我進行了比較實驗，把栽種後又剩下的幼苗，放在裝了水的桶子裡栽培。我在裡面放入土和水，約10天施放1次液態肥料。9月上旬的此刻，水桶中的苗長出漂亮的稻穗，稻穗頭還輕輕低垂著。看來差不多到收割的時期了。種在菜園的苗，雖然也開始結果實，但是實際上成功種出米的數量，好像比用水桶栽培的少很多。果然水稻對乾燥的抵禦能力較弱，若不能像在永田先生那邊那樣3、4天就灌溉1次液態肥料的話，想要成功栽種不太容易。但是，作為上班族的菜園，這樣的給水工作太過辛苦，說不定用水桶或收納衣服的塑膠箱裝水栽種的方式反而更適合。儘管如此，若想要真的收成稻米，必須要在相當的面積種稻，若為了確保真正可以食用的量，最後應該還是需要水田吧！

⬅在菜園種植越光米，就算使用液態肥料似乎也不太容易成功。若是陸稻用的品種，說不定差一點就可以成功了。

## 因獨特的甜味及香氣感動不已

只要有稍微栽種稻米的經驗，對於平常無意中取得的米是怎樣栽種出來？要取用多少量？能夠親身感受的這層意義，我認為更為重要。最後，我收成的米有飯碗一碗的量。這樣的量，我沒有透過精米機剝稻殼，而是把它們放到瓶子中，用棒子捅它們來使外殼脫落。這個步驟相當辛苦，而且沒辦法讓它們脫殼脫得很乾淨，但它們的味道帶有獨特的香氣和甜味，這是我初次體驗到的感動。

在永田農法中提到「米」的話，有相當顯赫的背景。在新潟縣上越市吉川區、高知縣的窪川町與佐川町，有一種稱為「山田錦」用於釀酒的米就是用永田農法栽培，隨後釀造成非常美味的日本酒。我在某個秋季訪問了新潟縣的吉川區。山間的梯田有好幾個相連在一起，就是這樣的景色被認為是日本山村的美的極致，這樣的風景一望無際。那時，我在某個山丘上往下方的田地望去，右側那一面的稻雖然都倒了下來，左半部的稻穗卻整齊的排列著。這到底是怎麼一回事？其實，右側是用一般栽培的水田，因為4天前的颱風而全部吹倒了。左邊是用永田農法栽種的米，反而連1根都沒有倒下。我靠近一點仔細看，永田農法的稻子節和節之間的距離短而粗大。相反的，運用一般農法以較多肥料栽種的稻子，外觀看起來雖然大，卻搖搖晃晃導致慘澹的結果。兩者差別一目瞭然，實在令我相當驚訝。

⬆中央是水桶的迷你水田。當水桶的水變少，需以平均10天1次的頻率，補充微量液態肥料。

# 第七章 用永田農法種植的蔬菜【冬季蔬菜】

# 白蘿蔔

## 質地細緻又多汁

○學　名：Raphanus sativus Linn.
◎播種期：① 3月～4月，② 8月～9月
●收成期：① 5月～7月，② 10月～1月

⬅一年四季都可以栽種，但是秋天播種冬天收成的最好吃。起初的生長較緩慢，等某個時期後根會突然變得粗大起來，等注意到的時候已經變成白蘿蔔了。

白蘿蔔因為有各式品種，變成一年四季都能夠栽種。不過，秋天播種冬天收成的白蘿蔔，其病蟲害較少，甜味也略勝一籌，應該算是當中品質最好的。在寒冷的冬夜，若提到關東煮裡燉煮著的滾燙白蘿蔔，其美味鐵定讓人口水直流……。

我的菜園選在9月上旬及下旬共播種2次。除了最常見的青頭白蘿蔔外，還有圓形的聖護院白蘿蔔，今年我還挑戰了一種不知道會長得多大的櫻島白蘿蔔。還有又短又胖會在途中膨大的三浦白蘿蔔也是每年都會栽種。三浦白蘿蔔在運送的時候，因形狀之故，於裝箱時會產生很多空隙，因為經濟效益不彰，似乎已從市場衰退下來了。只要吃過應該就知道，它的味道實在非常好吃。質地細緻又多汁，而且我認為它的甜味及辣味比例恰到好處。加上具有耐寒性，冬季時放在菜園也沒關係。據說有段時間也流行種植方形的哈密瓜，本來人類對飲食的要求就是把流通經濟放在最優先考慮，但若是自己要吃的東西很難

入口下嚥，實際上是件非常悲慘的事。

9月上旬播種，製作高30cm的高畝。像白蘿蔔這種根莖類的蔬菜，雖然被認為若不是種在鬆軟的土壤就很難種出好吃的成品，但是似乎不是這麼回事。永田先生的菜園是粘土性質的土壤，且佈滿了石塊，但是卻種出了品質優異的白蘿蔔。製作完田畝後撒上硅酸鈣，然後注入充足的液態肥料。晚夏暑熱依然未消，菜園土壤也曬得乾巴巴的，真是盼望秋雨季節能快點到來啊。

白蘿蔔以間隔30cm左右採取點狀式播種。於1處撒入4、5粒種子，大約覆土2cm。

撒種之後，注入充足的液態肥料，再用遮光網或寒冷紗遮蓋的話，可以達到保濕的效果。若持續的晴朗天氣造成土壤乾燥的話，可連續2、3天灌溉液態肥料。由於大概3、4天就會發芽，需立刻將覆蓋物移除。由於白蘿蔔新芽的莖很細，但葉片大容易搖晃的情況很頻繁，必須不厭其煩地培土，使之穩定即可。當本葉出現1片之後，即可進行疏苗留下3株。接著，當本葉出現3、4片時留下2株，最後本葉6、7片時留下1株。緩慢分段的進行疏苗，是因為在這個季節時，夜盜蟲及蚜蟲的侵害也很頻繁。當本葉出現達6、7片的話，就算多少有蟲附著，也不至於造成太大影響。接下來，基本上1星期1次液態肥料即可。10月以後的涼爽季節，可在正午時從葉片上方灌溉肥料。從播種開始大概2個月，由於白蘿蔔也開始變得粗大，這時可停止液態肥料，之後一直到收成為止採取無肥料栽種。

像白蘿蔔這種秋天播種的蔬菜，其播種時機非常重要。若太早播種，會因為太過炎熱而造成最初的成長狀態

⬆櫻島白蘿蔔的葉（上）如張著濃綠的羽毛。那生長茂盛的方式和其他白蘿蔔有顯著區別，極具有震撼力。對冬季寒冷抵禦力強的三浦白蘿蔔的葉（下）會擴張生長。正好在即將霜降之時，其美味增加。它的葉片形狀也被認為像極了雪的結晶。

不佳，且蘿蔔的味道也會變差。但若是太晚播種，在蘿蔔變粗大前就開始降霜，會沒辦法長成漂亮的白蘿蔔。需要播種的結球甘藍和葉茼蒿也都是這樣，在這個時期，秋天播種要是晚個3天，冬天收成的時間可能會晚1星期到10天左右。也就是說，若殘暑結束的話，秋天的氣溫就像是趕進度一樣，溫度會像加速般忽然下降。這種急速的溫度變化，也是把山染成織錦般楓葉的根源。在自然界中創造出季節的時間，是沒辦法像物理學中指的時間那樣具有一定規則的。在阿拉斯加留下偉大作品的攝影大師・星野道夫（Hoshino Michio）先生就留有這樣的句子。「我們每個人都在2種時間下生活著。1種是月曆或時鐘上用時針刻出的倉促的日常時間，以及另1種模糊的生命時間。」我透過栽種蔬菜一事，經常想起這句話。

⬆不需要特別深耕菜園的土壤。當下方堅硬的話，白蘿蔔自然會往上伸展。建議可種植各式品種，藉此把收成時間錯開。相片為青頭白蘿蔔。

## 將外皮切絲也適合做成非常好吃的小菜

當我展開白蘿蔔播種的時候，隔壁專業農家的菜園剛好也開始一樣的作業。我為了要能早一點發芽，若播種後連續幾天都是好天氣的話，會持續2、3天灌溉液態肥料。這樣一來差不多就會發芽了。不過，在隔壁專業農家廣大的白蘿蔔菜園中，因為沒有給水設備，灑水相當困難。最初，我不知道他們到底該怎麼辦，於是戰戰兢兢的在一旁觀察他們。把手放進田裡的土壤中，那種灼熱感幾乎像要烤熟了一般。簡直就是還殘留著夏天那種炙熱的狀態。這就如同在砂漠中播種，要在這樣的情況下發芽，實在不太可能。

但是，結果他們卻是播種之後什麼都沒做，就這樣放置在那裡沒管它。1星期後，下了一個晚上雨，在那之後又過3天，廣大的菜園出現一大片綠色的發了芽的白蘿蔔。雖然白蘿蔔的種子比一般蔬菜更容易發芽，但植物的種子確實是比較頑強的作物。我震撼於一晚大雨後一齊發芽的驚人生命力。能休眠幾百年、幾千年的種子應該也會齊放吧！

就這樣，在殘暑中獲得老天眷顧而發芽的白蘿蔔，在那之後因溫度轉涼會自行調整步調迅速成長。液態肥料以1星期1次的頻率添加，但秋雨持續不減的時期，菜園土壤也大多維持潮濕狀態，這時需要控制液態肥料的添加量。相反的，10月、11月秋天晴朗之際，則需要灌溉充足的液態肥料。日本的自然真的四季鮮明。秋雨療癒了夏季酷熱的乾渴，在那之後又為我們預備了清爽的季節，正因如此才可以種出美味的秋季蔬菜。

用液態肥料栽種的白蘿蔔又是一個好評不斷的作物。我有10年以上品嚐自己栽種新鮮又多汁的白蘿蔔經驗，但它的糖度無疑是目前為止最高的。此外，胡蘿蔔也是如此，不僅耐寒性增加，即使降霜，其品質低劣的狀況也很少。正如大家知道的一般，剛收成的白蘿蔔連葉子都非常美味。把葉子剁碎後用麻油拌炒是我的最愛，不過，事實上，用液態肥料栽種的白蘿蔔，把它的外皮切絲，就能變成相當好吃的小菜。

隔壁專業農家的菜園也開始著手白蘿蔔的採收了。他們夫妻兩人拔著白蘿蔔，用小卡車載著。大概半天採收了2、3百根吧！這時，我忽然這麼想。在我自己的菜園來採個1千根白蘿蔔吧！若是當季，超級市場大概1根白蘿蔔賣100日圓左右。假如我賣給超級市場1根50日圓，1千根也有5萬日圓。夏天在菜園除雜草，注入肥料翻土，製作田畝，然後播種。中途也要添加肥料，拔雜草，大概需要3個月才能收成。經歷辛勤的過程後進入採收工作，然後1根1根用水洗乾淨，再搬運到農業協會，1千根才賣個5萬日圓……。而且還要跟進口蔬菜的價格競爭。果然這樣下去日本的農業沒辦法振興起來啊！

⬆十字花科的蔬菜在發芽當下很容易倒塌，需要撥一些土幫忙支撐。一點點進行疏苗，讓最後僅剩下1根。

# 小松菜、水菜

## 鬆軟的細根就是美味的證據

○小松菜學名：*Brassica rapa var. perviridis*
○水菜學名：*Brassica rapa var. nipposinica*
◎播種期：①3月～4月，②8月～9月●收成期：①5月，②10月～2月

⬆⬅葉菜類的蔬菜雖然一整年都可以栽種，但果然還是冬天的最好吃。和森林樹木葉片皆枯黃掉落相反，小松菜（上）和水菜（下）則是青綠茂盛的成長著。它們大概凝結了從寒冷中生出來的美味吧！

葉菜類的蔬菜可以在春季和秋季栽種，但是，我格外推薦隨著寒氣加重也增添蔬菜味道的秋作。在初冬收成的小松菜及水菜，不僅其清甜及香氣別有風味，維他命含量也相當豐富。為預備度過嚴寒的冬天，人體似乎也自然會有這方面的需求。我想，會感覺到當季蔬菜的美味不只是因為味覺感受，應該也結合了身體的生理反應。

9月中旬到下旬，在高30cm的田畝中撒上硅酸鈣和液態肥料。然後挖出深1cm的溝渠，把種子撒在溝渠裡。因為種子很小，所以覆土時建議使用目土。播種之後用寒冷紗或遮光網遮蓋，以促進發芽。這種秋天播種的蔬菜，在發芽之後到本葉長出5、6片的這段期間最容易受到害蟲侵襲，因此，蟲活動最活耀的時期正好是柔軟的新芽受害。只要能夠克服這個問題，之後種植的秋天蔬菜都應該不是什麼難事了。

## 運用隧道型網子防蟲避寒

尤其是我的菜園在這個時期蟋蟀非常多。經常有很多好不容易才發芽的蔬菜就這樣大口大口被咬得不成樣了。不知道是不是牠們自己喜好的問題，我很意外白蘿蔔都沒有慘遭毒手，倒是水菜、小松菜、葉茼蒿幾乎都難逃魔掌。因此，我會在田畝中搭建一個隧道形狀的弓型支架，然後在上面覆蓋防蟲網。如果只是考慮防蟲的話，只需要在10月搭設1個月就足夠了，但是若持續架著，之後還會具有防寒的功效。尤其近期出現很多非常優異的覆蓋材料，包括一些是針對嚴冬時期栽種的作物設計，目前已經推出具有保溫效果且在隧道裡不會結霜而通風性又好的材料。以我的菜園為例，因為我的菜園容易結霜，在較易寒冷的部位覆蓋這種材料的話，即使是冬季嚴寒時期，蔬菜也能精神飽滿健康的生長著，因此能讓我延長採收的時間。如果沒有搭建這種防寒隧道網，在進入10月之後，只要在每株之間放上燻炭，一樣可以具有保溫‧保溼的效果，據說對蔬菜的生長也非常好。

實施防蟲對策之後，若能將重疊的部份進行疏苗的話，基本上接下來1星期1次液態肥料的作業即可。當然，疏苗的菜不要讓它浪費掉，在它們還小的時候根應該也是又軟又好吃，建議拿來進行一些利用。據說，水菜和小松菜都在本葉長出6、7片之後便可以採取無肥料方式栽種。然後，需要隨時進行疏苗與採收，原則上，最後每株間隔以大株的水菜30cm左右、小松菜5、6cm為主。

最後採收的時候，請仔細的看一看根的樣子。應該可以看到鬆軟的細根發展得相當好。這就是沒有在土壤添加多餘肥料僅用液態肥料培育時才會生長出來的「好吃的根」。只要能夠順利種出這種根，蔬菜的甜味應該也會增加一層或兩層才對。

# 高菜

## 終極的慢活休閒・醃漬高菜

○學　名：Brassica juncea var. integrifolia
◎播種期：9月
●收成期：11月～12月

⬅自從知道相片中的高菜之後，便四處取得各式各樣鄉土的葉菜類種子或幼苗。中島菜、長年菜、山形青菜等，每一種都各有特色。

我以前從來沒有種過高菜。但是看了九州出身的永田先生栽種後，聽說普遍看來會有澀味不太可能生食的高菜，在永田農法栽培下即使生食也很好吃，於是想要挑戰種種看。

播種時間在9月中旬，這個時期剛好是夏季蔬菜整理結束，準備白蘿蔔、結球甘藍、葉茼蒿等秋冬蔬菜播種的時期。這是家庭菜園自5月連休後再度進入農忙的時期。

照以往一樣先製作30 cm的高畝，然後注入充分的硅酸鈣和液態肥料。因為採用穴盆移植的方式，所以不需要鋪上多功能覆地塑膠墊。挖出深1 cm的溝，若製作數條溝渠的話，溝和溝需間隔約40 cm左右。然後將種子撒在溝裡面。播種時最好能取間距2 cm，重疊的部分之後再進行疏苗作業。覆土以1 cm為原則，因種子體積小，建議使用目土。等播種完成後再用手掌或木板壓密土壤，使種子安定，也藉此防止水分蒸發。在發芽之前可使用寒冷紗等物品覆蓋住，若每天灌溉液態肥料的話，發芽時間也會提早，能漂亮整齊的長出芽來。發芽後，觀察葉和葉重疊的狀況，隨時進行疏苗作業。疏苗的葉片，可以拿來當作沙拉生食，會有種獨特風味，相當好吃。液態肥料以1星期到10天施加1次的頻率，當土壤呈現乾燥時也要添加。雖然這麼說，去年秋天因為颱風很多，菜園幾乎早晚都是潮濕狀態，實際上，我大概20天才添加1次液態肥料。

一到10月，由於空氣開始變得乾燥，氣溫也逐漸下降，為了達到保溫・保溼的狀態，在每株之間鋪上「燻炭」的話，據說成長狀況會比較好。當12月開始降霜後，便可以準備收成。首先，我先嚐看看生食的高菜。雖然有一股嗆辣的味道，但是有獨特的香氣非常好吃。尤其是搭配生魚片或肉類一起吃的話，非常不可思議的，那股嗆辣感也變得微弱，呈現一種難以言喻的味道。

用液態肥料栽種時特別發達的毛細根，在高菜以及同時期收成的小松菜、葉茼蒿、水菜等也相當顯而易見。把根用水沖洗乾淨後，可看見大量細白如絲線的根，這些就是它們美味的秘密。

因為很難得栽種高菜，於是我買了製作醃漬料裡的書回來，想要挑戰醃漬高菜。我先將高菜一片一片的抹上鹽。那是永田先生給我的一種在大西洋離海小島的鹽田上製成的鹽。事實上，這是一種充滿營養的鹽，是一種就算只是舔食，也幾乎能成為下酒菜的鹽。放入昆布，把重物壓在上面。因為大概1星期左右就會出水，接下來就一片一片把葉子取出，輕輕的擠壓把澀味去除，然後用粗砂糖、蘋果醋、醬油醃漬，再放置2個星期。就這樣，我完成了第一次的醃漬高菜。我認為我做出了還蠻好吃的醃漬品。仔細想想，從播種開始4個月後才能完成醃漬高菜，這說不定也算是現在話題正熱的「慢活（Slow Life）」之一呢！

⬆葉片上刻出的葉脈數量和形狀，據說也代表地底下根的成長狀態。因此，永田農法蔬菜的葉片上擴散著無數的葉脈。

# 葉茼蒿

## 即使用生的做成沙拉也會有驚豔的清甜味

○學　名：*Chrysanthemum coronarium L.*
◎播種期：①3月～4月，②9月～10月
●收成期：①5月～6月，②10月～12月

⬅有很多人不喜歡葉茼蒿特有的苦味。但是用液態肥料栽培的話，其苦味會消失，透出清爽的香氣。特別推薦會陸續從側芽長出中葉的種子。

葉茼蒿（又名「春菊」）也是一種嚐過親自栽種的現採滋味後，會驚訝於和市售蔬菜有懸殊差異的蔬菜。而且，若用永田農法栽種的話，那種討人厭的苦味會消失，甚至能感覺到一種「哇！」一般驚豔的甜味。不僅生的做成沙拉很好吃，也可以稍微涮燙再用胡麻醬做成涼拌菜，或是放入鍋類料理、壽喜燒中，其莖的甜味還會再增加一層。

粗略可分為大葉、中葉、小葉等品種，但因為中葉的種子最適合家庭菜園栽培，因此特別推薦中葉。播種可選擇春季的3月、4月和秋季的9月、10月這兩季，但果然還是秋季播種的味道比較好吃。約在9月中旬到10月上旬之間播種。它跟其他秋季播種的葉菜一樣，需要先製作30㎝高的田畝，然後撒上硅酸鈣和液態肥料。挖掘深1㎝的溝渠，把種子撒在溝裡，因為它跟其他蔬菜比起來發芽率比較低，因此在播種時可稍微讓種子重疊，而種子彼此間的距離以1㎝左右為期望值。播種之後使用目土覆土約0・5㎝到1㎝，然後輕拍表面使土壤密合。灌溉充足的液態肥料後，用寒冷紗或遮光網覆蓋在上面。在發芽之前，只要土壤一乾燥就立刻補充液態肥料的話，可以使發芽提早。不需要把遮蓋的網子打開，直接從上方澆灌液態肥料也沒關係。

發芽之後，把交互重疊的部分進行疏苗作業，並以1星期1次的頻率灌溉液態肥料。最後每株間隔以10㎝為理想值，可在進行疏苗作業的同時，一株一株採收吃掉。

當整株葉茼蒿的高度超過10㎝的話，把它的尖端部分摘下來使用，會從下方的側芽位置陸陸續續長出新葉，重複這樣的動作再依序使用。在收成之前，可持續添加液態肥料。另外，每株之間若鋪上燻炭的話，會具有保溫・保濕的效果，生長狀況會比較好。

雖然越寒冷越能夠引發出它的清甜，但跟小松菜、菠菜、水菜相比，葉茼蒿對寒冷的抵禦能力比較弱。在霜強的地區，若想要持續採收到晚冬，可以搭建隧道型棚架，再鋪上寒冷紗。盡可能使用具有保溫性和通風性的冬季專用覆蓋材料，對生長狀況會比較好。塑膠隧道棚雖然具有保溫性，但是也會結露後就蒸發，比較不適合。

在能夠讓它們度過冬季的溫暖地方，早春時期還可以再採收新芽。等春天真正來臨後，會有美麗的黃色花朵綻放。這就是，「春菊」（參照P101相片）。

⬆幾乎不需要擔心生病或蟲害。但是初期生長速度慢，加上對寒冷的抵禦能力較弱，若播種時間太晚，可能會在收成前就枯萎，必須特別注意。

# 櫻桃蘿蔔

## 從粗大成熟的開始隨時採收

○學　名：Raphanus sativus L var.sativus
◎播種期：①3月～5月，②9月～10月
●收成期：①5月～6月，②11月～12月

⬆要栽培出味道又好又漂亮的果實，實在比想像難上許多。由於氣溫和水分對品質影響甚鉅，千萬不要錯過最適合栽種的時間。

櫻桃蘿蔔是與名為二十日蘿蔔的蔬菜同種，由於它即使在20天左右時沒有採收，從30天到40天前後也依然能收成，是一種用花盆也能簡單享受栽種樂趣的蔬菜。它的種類繁多，從又紅又圓的球狀到細長的類型，還有白蘿蔔直接縮小等各式各樣的品種。

雖然一年當中都可以栽種，但夏天酷熱的時節，蘿蔔可能會裂開，且辛辣的味道會增強。春季播種（4、5月）或秋季播種（9、10月）會比較容易栽種。尤其秋季播種冬季採收的果實，其清甜增加，味道最好吃。

如以往一樣，花盆當中不施加任何肥料，只放入「紅赤玉」或「日向土」。在播種之前必須先注入充足的液態肥料使土壤呈現濕潤狀態。製作深1cm的溝渠，且溝渠之間需間隔10cm，因應花盆寬度製作複數的溝渠。種子以1、2cm的間隔撒入溝渠裡，覆土的時候，若有「目土」就用它進行覆土。發芽之前為了不要讓它乾燥，必須添加液態肥料，但通常1、2天就會發芽，之後約隔5、6

⬅在涼爽氣候栽培的白色櫻桃蘿蔔，不僅甜味重，還相當多汁。依粗大成熟的順序採收，隨後細小的也會肥大起來。

天添加1次液態肥料即可。「疏苗」是使蘿蔔生長粗大的關鍵。將密集生長的部份不厭其煩地進行疏苗作業，讓每株最後間隔4、5㎝。這些疏苗的菜，可以當作白蘿蔔新芽來利用。在菜園中栽種蔬菜的話，疏苗的菜經常在帶回家的路上就枯萎了，考慮到這一點而在花盆栽種，就一定能品嚐到剛採收好且鮮嫩多汁的疏苗的菜了。

栽種櫻桃蘿蔔還有另一個關鍵點，就是培土。因為莖咻的一下伸展出去，加上葉子比較大，總是會搖搖晃晃的。因此，把周圍的土往根部的地方撥過去，讓它能夠安穩下來，這一點相當重要。這時，若使用的是日向土或鹿沼土這類土壤的話，會比一般培養土的顆粒大，比較不容易在根部培土。這時候，只要重新一邊加土一邊培育就好了。從已經粗大成熟的蘿蔔開始採收，可以隨時收成。如此一來，剩下的也會瞬間肥大起來。剛採收一定連葉片也非常美味，請一定要品嚐看看。

另外，令我非常意外的是，即使在陽台栽種也有很多蟲害問題。雖然感覺上有比在菜園栽種時蟲害少，不過反而有時候是蜘蛛和蜈蚣這類食蟲生物變少，但有時候卻又可能大量出現。一發現蚜蟲或青蟲就要立刻除掉。假如看到葉片上出現一個一個洞，或是莖被咬斷，卻還是沒發現青蟲的蹤影時，則極有可能是夜行性的夜盜蟲。可以在晚上用手電筒找找看，或是在白天挖掘根部的土把牠們找出來。

假如葉片上有發亮的黏液附著的話，則是蛞蝓。可將倒入啤酒的布丁杯埋在土裡，或放置在花盆周圍，利用它的氣味引誘蛞蝓出來再捕殺牠們。早上起來一看，有時候會發現許多捲曲成一團的蛞蝓溺死在啤酒裡。嗯，若是捕捉超喜愛啤酒的我，這算不算是一償宿願啊……？

# 青花菜、花椰菜

## 變成樹木化的青花菜

○青花菜學名：Brassica oleracea var. italica
○花椰菜學名：Brassica oleracea var. botrytis
◎植苗期：8月～9月●收成期：10月～12月，3月～4月

⬆➡不管是青花菜（上）還是花椰菜（下），在晚夏時植苗最大的敵人就是青蟲。只要度過這個階段，便會隨著深秋一股作氣般迅速生長。由於用液態肥料栽種，吃起來會又軟又甜，建議可以生食看看。青花菜陸續長出的側芽也相當美味。

青花菜（Broccoli）也是家庭菜園中極力推薦栽種的蔬菜。大部分的人都很快就被它多水又清脆的口感和濃郁的味道俘虜。戰後的農家最初雖然大多都是栽種白色花苞的花椰菜（Cauliflower），但最近綠色的青花菜生產量卻壓倒性的增加。雖然是題外話，不過，蘆筍最初好像也是白蘆筍才是主流。

青花菜和花椰菜的育苗都是盛夏的工程，因為管理上比較困難，建議直接採購幼苗移植會更方便。植苗以8月下旬到9月上旬這段期間較佳。在高30cm的田畝中散布硅酸鈣和液態肥料，然後鋪上多功能覆地塑膠墊。每株間隔取40～50cm，挖好植苗用的洞穴。接著，用水把購買回來的幼苗的土清洗乾淨，剪掉一半左右的根。這是為了要使細根能夠自由生長，增加它們吸收液態肥料的能力。因為是盛夏時期的工作，必須要手腳動作迅速，讓根不變乾燥才行。這表示不要讓陸續冒出來的根長時間被夏天的直射日光照射到。植苗之後必須注入充足的液態肥料。大概4、5天根就能緊抓土壤，展開迅速的生長。假如移植後連續幾天都是晴天而使土壤疑似即將乾燥的話，則必須補充液態肥料。接下來，基本上以1星期1次液態肥料栽培即可。植苗後，可能立刻會被夜盜蟲盯上，牠們會把莖咬得殘破不堪，甚至可能啪的一下就折斷了。若真這樣也已經無法補救，只好重新移植一株新的苗。這時，夜盜蟲極有可能還躲藏在土壤當中，必須要先把牠們找出來徹底除掉。若是受到紋白蝶或小菜蛾等大規模蟲害的話，建議鋪上防蟲網或灑上農藥比較能使人安心。

花椰菜頂端的花苞開始長出來後便可以停止液態肥料，之後採取無肥料方式栽種即可。當直徑達10cm左右時就可以採收了。假如一次沒有全部採收的話，為了不讓白色花苞污損，可將葉片束起來在頂端綁緊，把花苞包在裡面就可以了。

青花菜在採收完頂端的花苞後，會從側邊長出新的花苞。這個也相當好吃，是家庭菜園特有的味道。因此，栽種青花菜時，只要側邊的花苞還沒採收結束，必須持續灌溉液態肥料直到收成完全結束。

## 液態肥料使蔬菜的強韌生命力徹底甦醒

青花菜當中有一種稱為「青花菜筍」的品種，這是我最喜歡的種類。它們是一種當頂端的花苞長到高爾夫球大小的時候盡速採收，然後以採收側面長出的花苞為主的品種。花苞底下的莖會伸展得很長，這種莖的味道相當好吃，它的特徵是帶有類似蘆筍那種清甜，也有些餐廳會在菜單上把它們寫作「青花菜莖」。我大概從10年多前知道這個蔬菜後就每年都會栽種，不管是把它們送給誰，都會聽到對方很開心的告訴我「這麼好吃的青花菜我還是第一次嚐到呢！」。其實，我很驚訝使用液態肥料栽培它們時，能夠使採收期延長。我如往常一般在8月植苗，然後從10月下旬開始進行採收，可以一直採收到11月下旬左右，然後準備結束第一季的收成。就這樣讓它們呈現休眠狀態度過冬天，雖然有一部分會因為嚴寒枯萎，但剩下的會在春初時長出小花苞，能夠再次採收。然後到4月中旬左右才著手整理及收拾菜園。

使用液態肥料栽種作物，其他蔬菜的收成時間也都拉長了，即使是嚴冬酷寒的時候，也都陸陸續續長出新的花苞。感覺上，使用液態肥料時，根變得比較發達，耐寒性似乎也增強了，而且春天會結出大量的花苞，令人驚訝的還在後面。因為生長狀況良好，就這樣繼續培育的話，首先，根部的莖會變成樹木那種褐色，質地也會變硬，從那個位置會另外又長出好幾根新的粗莖。然後，它們會像最初植苗那時一樣，在頂端位置生出大花苞，便又可以展開採收工作了。液態肥料同樣以1星期1次的頻率持續添加。我把這件事告訴永田先生，假如追溯青花菜本源高麗菜的起源的話，據說它的原種是多年生植物(perennial)。這應該是因為使用液態肥料，才把植物與生俱來的生命力通通激發出來了吧。已經過了9月，青花菜度過炎熱的夏季，至今依然精神奕奕。

⬅樹木化之後會陸續長出粗莖的健壯青花菜。

➡青花菜花苞中的花瓣是呈現閉合狀態的。必須要在花開之前採收。

# 菠菜

## 我也曾有一年徹底栽種失敗

○學　名：*Spinacia oleracea*
◎播種期：9月～10月
●收成期：10月～3月

➡酷寒的冬季早晨，受了風霜的菠菜呈現出凜凜冽冽的姿態，相當美麗。它們每受一次風霜，甜味也會越增一層。真是不可思議的蔬菜。

最近，許多超級市場也開始販賣生食用的菠菜，很多餐廳也漸漸把菠菜列入沙拉菜單。但是，拿來當作沙拉食用還得吃起來美味的菠菜，不在栽種方式上下點功夫是沒辦法種出來的。如果是用普通的方式栽種，乙二酸的苦味和苦澀的成分會殘留較多。倒掉煮過之後的汁液來去掉澀味，其實是為了要把這個乙二酸成分去除。據說乙二酸攝取過多是造成尿道結石的原因，所以假如打算生食菠菜，就必須要想辦法減少乙二酸的含量。用永田農法栽種的話，不僅乙二酸可以減少到一半以下，糖度、維他命、鈣的成分也能因此增加好幾倍。一定要嚐嚐看自己種的菠菜所做成口感清甜的生菜沙拉。

播種必須在9月到10月之間。略晚一些播種，採收寒冬中受了風霜的菠菜時，那種甜味才更是特別。田畝雖然是做成高畝，但因為菠菜對酸性抵抗力弱，在撒硅酸鈣的時候要比平常添加更多。倒入液態肥料後，需挖掘深1cm左右用於播種的溝渠。以大約2、3cm的間隔播種，然後覆土1cm。雖然也可以直接用田畝的土進行覆土，但若是重量較重的黏土質的土，建議使用目土可以使發芽的狀況變好。播種之後灌溉充足的液態肥料，然後披上寒冷紗或遮光網。發芽後到長成數cm的這段期間內，若作物處在高溫潮濕的環境裡，可能會因此引發苗枯萎或露菌病，導致其枯萎死亡。正因為如此，才必須要做成高畝提高它的排水能力。

此外，在播種之前，需將田畝表面

弄平坦，讓它們不會出現凹凸不平的狀態。因為假如出現低窪的話，作物很容易從那個部位開始生病。發芽之後，必須將重疊部位進行疏苗，然後１星期灌溉１次液態肥料。最後每株的間隔以５、６㎝為基準。播種後大約２個月左右，葉片會長出數片，肉質也會變厚，到這種程度後便可採取無肥料的方式栽培。透過控制肥料施給的量，才能夠栽培出乙二酸含量少又口感清爽的菠菜。

## 菜園是偉大的自然體驗場所

２００４年的秋天，颱風相當多，我菜園中的菠菜不幸幾乎全軍覆沒。

這本書的讀者當中，說不定也有哪位打算今後開始嘗試栽種蔬菜。但是在具有某種程度的熟悉之前，可能也會先經歷各式各樣的失敗。而且，由於要面對的對象基本上是大自然，不管是運用什麼農法，初學者當然不在話下，就算是已經身經百戰的人，也可能會有不順遂的時候。

我２００４年也是在９月到10月之間將許多種類的菠菜種子分成４次播種。菠菜若在殘暑及早秋的微涼交互時期播種，經常在發芽上會相當費事。依據品種不同，有各式各樣的種類。包括對炎熱抵抗力強的；有較能抗寒的；還有成長速度快的；相反的，也有為了穩定生長而度過冬天在初春才採收的。因此，透過同時播種不相同的品種，也能夠計算出哪些可以順利生長。發芽狀況較佳的那年，首先可以在年中採收，然後期待收成它們經歷隨後而至的冬季風霜而更添的清甜，最後再在春天享用菠菜做成的沙拉料理。但是，２００４年那年，我幾乎一丁點都沒享用到。

這都是頻繁登上日本列島的颱風害的。播種之後，正覺得總算差不多要發芽了，沒想到颱風竟然來了。剛冒出的新芽若被強雨拍打，會立刻變得非常脆弱。不僅生長會停滯，也會很容易生病。我好幾次刻意改變地點重新播種。儘管如此，全部發芽的時機都實在相當相當糟，芽才剛冒出來就有颱風，再換個地點，也一樣是芽一冒出來颱風也來，好不容易看似會有連續幾個晴天，工作卻突然忙得天昏地暗，根本沒有時間到菜園去。對菠菜來說，還真的是一個超級不適合的時節。雖然總算是收成了３、４株，但最後播種的卻沒長大，維持小小的模樣度過冬天，春天到了後也沒能順利的生長。

栽種蔬菜時要面對的是大自然，這是件非常理所當然的事。甚至可說蔬菜是太陽、大氣、雨及風共同孕育出來的作物。而我們只是在這樣的環境下從旁協助蔬菜生長而已。因此，只要稍微改變自然條件，它們轉瞬間便會受到那些影響。菜園也是讓我們能親身感受這些變化的場所。

第八章

# 展開自己的家庭菜園吧！

## 從菜園獲得各式各樣的珍寶

我展開栽種蔬菜的另一個原因，是除了能在菜園中種出眾多蔬菜之外，還能夠獲得各式各樣的寶貴經歷。例如，在菜園中結束肉體勞動之後的暢快感，簡直與運動完當下的喜悅匹敵。尤其平常上班時坐辦公桌的工作越多的話，這種感覺也越強。運用自己的四肢使用鎬鋤、運水、割草。在結束一天的勞動後，來自森林的涼爽微風吹乾我額頭上的汗，西邊的天空也被染成桃紅色。沖個澡，把身上的汗水和泥土沖洗乾淨。接著，是始終陪伴我的啤酒。感覺身體的疲勞逐漸恢復的同時，如果喉嚨也跟著濕潤，真的有一種身心都從內而外重新恢復精神的感覺。

先不論蔬菜本身的美味，自己要吃的蔬菜能倚靠自己的雙手來獲得，也算是一種幸福。人類誕生以來，像我們這樣用金錢購買食物其實是最近才開始的。在我們的基因當中，有著橫跨了浩瀚漫長的40億年仍脈脈相傳的，「靠自己的力量獲取食物」的這項本能，以及獲取後的喜悅。釣魚也是其中一項，撿貝殼或是摘水梨當中的樂趣也都跟它們相同。想法子取得食物的時候，任誰都會不知不覺放下大人的氣焰而反璞歸真。這種野性的喜悅，我在菜園中每天都感受得到。

不過，並不是只有愉快的事，辛苦的部分也相當多。做好田畝也播了種，正欣喜於那些新冒出的嫩芽時，卻經常一個晚上就被蟋蟀咬得不成樣。有時候颱風來，番茄的屋頂倒塌，甚至還波及到隔壁田畝。也曾有過春季時下起了預料之外的霜，導致夏季蔬菜的幼苗幾乎通通枯萎的慘事。作物也曾經突然生病，讓我搞不清楚為什麼芋頭就是沒法長大。總而言之，大自然是不見得會照著我們腦中所想的去變化。其實，在我們現在的生活當中，我認為能夠親自體驗這種感覺的這份意義，反而非常非常大。因為科技的發達，我們的生活在具有完善冷暖器設備的居所展開，幾乎所有的活動都是在不會受到自然影響或特殊變動的環境中進行。雖然這些對我們來說已經是相當理所當然的事，但是若從石器時代開始觀察，現在的我們，究竟與大自然分離了多少？不過，這裡有個許多人跳脫不出的迷思。既然我們也是誕生在地球上的生命，不管科技會如何發展，我們是不可能完全從自然界中跳脫出來的。這一點

⬅冬季一片枯寂當中，青翠又精神飽滿的只有菠菜。但是，再過一個月後春天到來，菜園又會再次充滿生命力。

也在無意間被人們遺忘，造成我們經常有一股錯覺，要求任何事都要照著腦中規劃的方向進行，不能有所偏移，還非得成功不可。但是，家庭菜園在這些細微的地方，卻透過親自栽種蔬菜這份體驗，讓我們重新認識「我們雖然在自然中生活，卻依然有很多沒有辦法的事。」。

## 讓菜園變成孩子們飲食教育的場所

一想到這些，雖然種植蔬菜最近也被當作是小孩子們「飲食教育」的場所而廣受矚目，但我認為這應該變成更重要的存在才對。廣告創意人糸井重里先生也認為應該要更重視這個部分。我們所製作的DVD「任何人都能烹調的永田蔬菜」雖然是針對個人菜園製作相關內容，但糸井重里先生卻希望能夠普及於保育園、幼稚園、小學當中，讓孩子們能真正體驗親自栽種蔬菜的過程。

平常只有在超級市場才看到食材的小孩子們，有時候甚至是只看到烹調好的料理，應該有些小孩完全不知道食材最初的模樣。平常自己吃的東西到底是怎麼樣栽種出來的？明明這一點非常重要。從播種開始，投入滿滿的關愛細心培育，果實長出來的感動。接著進行採收，然後收拾朽株枯木。栽種蔬菜時，眼前反覆出現「生與死循環」的同時，也能實際感受到「我們是領受了其他的生命而活著」。我曾有過這樣的經驗。在鱒魚的釣魚場裡，父親正宰殺釣到的魚，孩子們看似相當害怕一般，眼睛一下子瞇起來一下子張開，看著父親處理的過程。然後母親飛也似的跑過來，「不要讓小孩子看那麼殘酷的景象！」接著要小孩們遠離那裡。這真是太讓我震驚了。正是這樣的場合，讓我們並非只能享受釣魚的樂趣，這明明是一個能藉機教導小孩們，我們是這般領受了其他的生命才能如此生活著的一個珍貴機會……。蔬菜不

⬆假如有日照狀況佳的空間，也可以享受用花盆栽種蔬菜的樂趣。實作後品嚐的喜悅，或許才真的是幸福的原點。

會像魚那樣鮮血飛濺，就算採收下來，人們對蔬菜已死亡的感覺也很淡薄。但是，領受自己悉心呵護栽培的蔬菜時，心中會自然湧起一股感謝的情緒。越是享用這樣新鮮的蔬菜，應該也越能感受到它一個個細胞中所充滿的生命力。這才是蔬菜真正的美味。

## 製作年度栽種計劃表

假如真的開始要栽種蔬菜的話，當然需要菜園或花盆（或花壇）。然後，也需要準備液態肥料、目土或燻炭、還有鎬鋤和鐵鍬這類工具。我自己是把這些基本材料放進有塑膠蓋的收納箱後放置在菜園裡。因此，當我去菜園時，我攜帶的則是滅蚊線香、毛巾、水壺、還有相機等瑣碎的物品。鞋子穿長的塑膠雨鞋，不過我經常在菜園中赤腳移動，腳底若常這樣被刺激，習慣後也會感覺很舒服。

在菜園工作，手腳擦傷、割傷都算是家常便飯，久了也漸漸不會太在乎。

此外，還有一點是栽種蔬菜時很重要的事。就是製作栽種計劃表。雖然必須進行蔬菜栽種計劃的書面作業，但也同時因此而有相當雀躍的時刻。先將菜園中的田畝編上序號，把哪個位置要栽種什麼做成一張表。我剛開始是在筆記本中畫線製作，最近則改用電腦的Excel系統編製年度的栽種計劃表。每年需要製作2次計劃表。

首先，在1月的農閒期必須先安排春季到夏季的蔬菜，以及8月盂蘭盆節前後要製作秋冬蔬菜的計劃。一般來說，同類型的蔬菜如果在相同地點栽種的話，很容易會引起連續耕作問題。例如，種植番茄之後，若在同位置種植相同茄科的馬鈴薯，就會很容易引起作物生病。

一般認為3年內不能在同位置種植同科蔬菜。因此，必須要一邊參考過去2年的資料以避免連續耕作，再製作成新版的計劃表。依田畝位置不同，會有日照狀況好或不好的地點，而易受烏鴉侵擾的位置也多多少少會有差異，這些條件也必須一併考慮進去。就像是一種拼圖遊戲，「這裡因為去年栽種過青花菜，相同科別的結球甘藍就放棄這個地點吧。蠶豆的隔壁田畝明年要種西瓜，西瓜枝蔓約在6月份伸展，剛好是蠶豆收成結束的時候，所以應該沒問題。」等計劃內容，不時在腦海中盤旋，雖然也有困擾的時候，但某種意義上像是一種遊戲般，也算是相當有趣的作業。我會把製作好的表列印下來，也放一份在菜園倉庫裡。然後，一邊確認哪個位置要種什麼，再因應預計栽種的蔬菜製作田畝或搭建支架。總之，只要實際嘗試幾年就應該會知道，栽種蔬菜如果只憑著突然打算種什麼是很難成功的，一定要事前做好全面的安排。因為不僅要避開連續耕作的問題，在季節轉移之際，也可能會不小心就錯過了播種的時機。例如，青椒即使已經到了晚秋依然可以採收，持續採收的話，一下子就到了10月。如果在這之後才打算撒下白蘿蔔的種子，就會因為播種時間太晚，在蘿蔔還沒有肥大起來便進入降霜的嚴寒冬季，結果只好無奈的宣告失敗。因為有可能發生這樣的事，因此全盤計劃有其必要性。當然，如前所述，由於栽種蔬菜所面對的對手是大自然，不太可能全部照著我們的計劃進行。正因為如此，才更需要最低限度的計劃。

另一方面，製作這樣年度的計劃，辛勤於四季的農作，一年當中的區分會變得鮮明，同時，也會深切的感覺到一年比想像中還快結束。這真是一種不可思議的感覺，例如，即使想到「人生只剩30年啊……」，總覺得沒辦法體會這個時間的長度，但若是想到「只能再種30次番茄了啊……」，就感覺人生竟然這麼短促，絕對不能浪費一丁點時間。面對大自然時所感覺到的時間，說不定才是體內真正流動的時間呢！

## 美味的分贈品

經常有人跟我說「種植那麼多蔬菜的話，應該都不需要採買了吧。」但是，在現在這個時代，即使冬天也能吃到番茄或小黃瓜，

⬆初冬假日時採收的葉洋蔥、生薑、紅色馬鈴薯。白蘿蔔及結球甘藍也都非常清甜。乾脆來燉煮些什麼吧！

←大自然有時候會教導我們完全沒想像過的色彩組合的美。藝術的開端大概也是來自大自然所衍生出的顏色與形狀吧！

夏天也會想吃生菜。

因此，我沒有購買可以在菜園中自行栽種的時令蔬菜，但是其他的東西沒辦法，我還是會購買。正因如此，我很清楚蔬菜鮮度及味道的差異。「現在的小孩之所以不喜歡吃蔬菜，都是因為吃太多難吃的蔬菜造成的。」永田先生總是把這句話掛在嘴邊，我也非常認同。幸運的是，我家的小孩不知道是不是因為都是給他們吃新鮮蔬菜，加上我自己喜歡釣魚，也都給他們吃新鮮的香魚和鱒魚，所以小孩們也相當喜愛吃蔬菜和魚。事實上，我認為身為父親的其中一項非常重要的工作，難道不就是要讓孩子們享用美味的食物嗎？

只要種菜種個幾年，立刻就知道哪個蔬菜可以採收多少的量，而自己又需要多少的量。小黃瓜、四季豆、豌豆等，如果種得太多，到了最盛時期，會怎麼採收都吃不完。因為有過好幾次這樣的經驗，我在做栽種計劃時會設定比較合適的量。即使如此，時令蔬菜依然大量收成。雖然也會分送給附近人家，但近鄰當中進行菜園活動的人也相當多，所以經常是當作禮物送給工作上的同仁。就算他們只是說客套話，我還是因為他們表現出來的開心而感到欣喜。自己栽種的話，因為含有辛勞的比例，感情也變得強烈，對蔬菜的味道也比較能詢問客觀的感想，這些都非常值得參考。剛採收的毛豆或蠶豆等豆類因為非常好吃而深受好評，但我很意外有人對我說青花菜或結球甘藍「跟買回來吃的味道完全不同！」。在法國巴黎的郊外有很多家庭菜園，據說，生活在都市，只要稍為花點錢就什麼都能買得起的巴黎小孩之間，會像栽種蔬菜一般以一道親手製作的料理當作禮物，據說這現象目前蔚為風潮。嗯！試著栽種好吃的蔬菜吧！然後，把這份幸福感傳遞給一個人甚至更多人，若能夠把它們分送出去，應該能獲得前所未有的愉悅心情吧！

## 用極簡的農法栽種美味的蔬菜吧！

目前為止所介紹的蔬菜栽種都是使用永田農法，但是當然還有很多其他各式各樣的方式，每個方法都各有優點。其實，我過去也使用有機農法達10年以上，也同樣栽種出許多好吃的蔬菜。因此，有一項特別可提的感想是「永田農法透過逐步提供少量的肥料，

⬆可以看見中央番茄溫室的屋頂附近，是我買房子時所附的第一個的菜園，已經有10年以上了。在四季的變化中種出了許多蔬菜。接下來又會編織出怎麼樣的自然故事呢？

激發出植物本身具備的力量，可以栽培出富含能量且非常美味的蔬菜」。

實際開始栽種蔬菜的話，可能會被天候狀況或病蟲害等自然條件左右，也可能會有抽不出空前往菜園的時候。在自然環境中培育植物，是無法照著說明書進行的，應該也沒有一本書能把全部內容寫進書裡。之後，若能掌握經驗，應該能漸漸培養出「對於蔬菜的狀態、氣氛，也就是『瞭解蔬菜反應的眼力』」這樣的能力。剛開始應該也會有很多失敗的經驗吧！但是，我認為永田農法非常適合初次嘗試栽種蔬菜的人。基本上，重點的肥料只是液態肥料，然後記得定期施肥就行了。因為不需要另外在菜園中注入堆肥，也不必搭配多種肥料，實在非常單純。

1星期添加1次左右的液態肥料，若要說很辛苦，或許真的不算輕鬆。但是，這決不是痛苦的事，在灌溉液態肥料的時候，能夠明白蔬菜們迅速生長的情況，這應該會是非常雀躍的。然後，像水果一般甜的番茄及玉黍蜀、沒有生澀味的葉茼蒿（春菊）及菠菜、幾乎可以直接啃著吃的洋蔥等，有許多目前為止沒吃過的蔬菜們在等著我們。而且，這些都是我們和「自然」共同合作，「自己」栽種出來的「美味」呢！

TITLE

# 遇見永田農法 四季蔬果都美味

STAFF


| | |
|---|---|
| 出版 | 瑞昇文化事業股份有限公司 |
| 作者 | 諏訪雄一 |
| 譯者 | 張華英 |
| 總編輯 | 郭湘齡 |
| 責任編輯 | 林修敏 |
| 文字編輯 | 王瓊苹　黃雅琳 |
| 美術編輯 | 李宜靜 |
| 排版 | 執筆者設計工作室 |
| 製版 | 明宏彩色照相製版股份有限公司 |
| 印刷 | 皇甫彩藝印刷股份有限公司 |
| 法律顧問 | 經兆國際法律事務所　黃沛聲律師 |
| 戶名 | 瑞昇文化事業股份有限公司 |
| 劃撥帳號 | 19598343 |
| 地址 | 新北市中和區景平路464巷2弄1-4號 |
| 電話 | (02)2945-3191 |
| 傳真 | (02)2945-3190 |
| 網址 | www.rising-books.com.tw |
| Mail | resing@ms34.hinet.net |
| 本版日期 | 2012年5月 |
| 定價 | 250元 |

國家圖書館出版品預行編目資料

遇見永田農法：四季蔬果都美味／諏訪雄一作；張華英譯. -- 初版. -- 新北市：瑞昇文化，2012.03
160面；14.8x21公分

ISBN 978-986-6185-93-9（平裝）

1. 蔬菜　2. 水果　3. 栽培

435.2　　101003506






PROFILE

**諏訪雄一**

1959年生於東京。

早稻田大學教育學部生物學科畢業，以自然科學及環境問題等為主題，作為自由導演製作記錄片及旅行節目。

現在，擔任NHK Enterprises執行製作人。

**作品包括：**
電視節目：NHK特別節目「從彼得兔的田園開始（ピーターラビットの田園から）」「療癒內心的魔法之國（心を癒す魔法の国）」「海　未知的大紀行（海　未知なる大紀行）」「生命（生命）」「地球大進化（地球大進化）」等。
著作：「歐洲阿爾卑斯山　花之村・花之旅（ヨーロッパアルプス　花の里・花の旅）」（朝日新聞社）等。

由於興趣使然，約從15年前在東京都八王子市展開家庭菜園，目前正在實踐永田農法。

**菜園的網址**：http://www.geocities.jp/skyfarm_3192


將本書獻給已故的秦野篤行。
他是位難得的編輯。

ORIGINAL JAPANESE EDITION STAFF


| | |
|---|---|
| 写真 | 諏訪雄一 |
| イラスト | 諏訪まり沙 |
| 校正 | サラスバティ |
| 編集協力 | 田中宏幸 |
| 編集 | 飯沼年昭 |